U0533140

Logical
Capability

亓昕 著

逻辑力

女性智慧思维直播课堂

团结出版社

图书在版编目（CIP）数据

逻辑力：女性智慧思维直播课堂 / 亓昕著 . -- 北京：团结出版社，2023.3
ISBN 978-7-5126-9702-7

Ⅰ. ①逻… Ⅱ. ①亓… Ⅲ. ①女性－修养－通俗读物 Ⅳ. ① B825-49

中国版本图书馆 CIP 数据核字 (2022) 第 181723 号

出　版：团结出版社
　　　　（北京市东城区东皇城根南街 84 号　邮编：100006）
电　话：（010）65228880　65244790（出版社）
　　　　（010）65238766　85113874　65133603（发行部）
　　　　（010）65133603（邮购）
网　址：http://www.tjpress.com
E-mail：zb65244790@vip.163.com
　　　　tjcbsfxb@163.com（发行部邮购）
经　销：全国新华书店
印　装：三河市东方印刷有限公司

开　本：128mm×184mm　32 开
印　张：5.5
字　数：59 千字
版　次：2023 年 3 月　第 1 版
印　次：2023 年 3 月　第 1 次印刷

书　号：978-7-5126-9702-7
定　价：38.00 元
　　　　（版权所属，盗版必究）

目录

第一板块　大脑的巨大潜能

003 ▸ 第1课

新女性大脑的进化帮你更出色

011 ▸ 第2课

如何运用好女性大脑优势

018 ▸ 第3课

传统女性大脑的挑战

第二板块 大脑的情感陷阱

029 ▶ 第 4 课

"伪装"掩饰情绪

第三板块

提升事业竞争力

055 ▸ 第 5 课

教你善用直觉力获取关键信息

065 ▸ 第 6 课

如何用好大脑提升创造力

076 ▸ 第 7 课

成为行业 No.1，需要具备哪些条件？

085 ▸ 第 8 课

拥有大脑的平静力应对未知

第四板块 "女性大脑"帮你拥有审美原动力

103 ▶ 第9课

如何用好大脑的审美天赋

116 ▶ 第10课

大脑中的神秘审美力

126 ▶ 第11课

以审美力带动你的情感、直觉、职场能力

137 ▶ 第12课

让审美力全面提升你的幸福指数

第五板块

「新女性大脑」让你越活越健康

147 ▶ 第 13 课

　　传统思维模式给女性身心健康造成的问题

151 ▶ 第 14 课

　　新女性大脑的健康优势

158 ▶ 第 15 课

　　巧用女性大脑解决健康难题

第一板块

大脑的巨大潜能

第1课　新女性大脑的进化帮你更出色
第2课　如何运用好女性大脑优势
第3课　传统女性大脑的挑战

第1课

新女性大脑的进化帮你更出色

为了便于大家对照,我这里将女性大脑简单分为"传统女性大脑"与"新女性大脑"。

我们现在来看看传统女性大脑是个什么样子。我们可以做个想象,女性大脑好比是微信,里面有很多好友,你可以与任意好友直接联系,你也可以群发信息、建群沟通。

用科学一点的表达方式就是：因为细胞间的联系非常紧密，女性大脑一体化程度比较高，好比是一个大帝国。

现在可以想象一下，我们每个人的大脑都有个"思维屏幕"——一个60寸超大屏，女性大脑可能满屏都是字，而且字与字之间都有一种紧密的联系，所以女人们如同是有特异功能，可以同时考虑：孩子上什么幼儿园，宠物得去驱虫了，下个月房贷该还了……很多很多问题。

这同时可以解释为什么女性的直觉和预感那么好。直觉和预感是一种广泛联系的能力，一个能同时开启多脑区、开发其内在关联性的大脑，的确具备这样的能力。

那为什么女性那么关注感受，那么喜欢谈论

感受？

我们大多数人都会有这样的简单认知：左脑负责理性，右脑负责情感。

女性在说话时会同时使用负责分析活动的左侧脑区，以及负责情感活动的右侧脑区。

在全世界范围内，通常寻求心理咨询帮助的女性会比男性多，因为，谈话疗法很大程度上对女人更有效，作为心理咨询师我对此深有体会。当我问我的女性来访者你当时有什么感受，她们通常都可以用三个以上的形容词描述而且通常非常细致且具体。

这个时候我们就可以回答了，为什么女人总是容易有那么多情绪，因为不管做什么事，我们负责情感情绪的脑区都是24小时工作的，连睡觉的时候它都是在加班的。

由于进化的原因,男性大脑和女性大脑还有一些显而易见的区别。在原始及农耕时代,一般女性的劳作都是烧制陶器、纺纱织布、制作绳索等,所以女性负责手指灵活性的脑区更发达。女性也更擅长在狭小的空间里找东西,比如在抽屉里找一颗纽扣,或者从地上捡一枚硬币什么的。原始社会,当女人们在家劳作带孩子的时候,男人们则外出打猎,男性大脑最终受惠于此,更适合在大的空间内去发现大的目标,更长于从远处瞄准目标,也能在头脑中对物体进行具象化。女人们同时也负责在附近采集一些食物,这势必需要搞好部落、邻里之间的关系,她们通常会抱着孩子出来晒晒太阳聊聊天,于是社交就这样开始了。而沟通能力,也就从此开始得到历练。

那么,为什么女人那么敏感?不仅是对他人的态度、情绪敏感,对自己的身体、环境的改变也敏感。而且,为什么女性不仅敏感,还为此付出了很大的精力,比如,在人际关系上、情绪上的?

这是因为,从进化和原始分工角度看,女性需要对人的情绪保持高度警觉,才更有利于她照顾和保护自己的孩子。这就是为什么,有些母亲只是听婴儿的啼哭,就能分辨他到底是饿了,还是觉得不舒服。女性需要对环境也保持高度警觉,对他人态度的真假、是否友好,都要有自己的判断,这是一种自我保护机制。

同理,女性也需要对身体的感受,尤其是疼痛更敏感,因为她们时刻关注自己的身体,稍有变化需要高度警觉,这样才能够保证自己和孩子的健康。相反,男人在原始阶段的主要任务是狩猎,在这个过程中他们对自己的身体感受需要保持一定的迟钝和麻木,因为如果他们总是对身体的不适而大惊小怪、大呼小叫，很可能就不是他们打猎，而是被猎打了。

今天，根据社会需求，女性需要采用多元思维方式来适应不断变化的要求，完成各种工作，在传统女性大脑的基础上，还需要发展出新的大脑思维方式，以便更好地去适应竞争与挑战。女性有了新的反应、行为、举止，为了做出关键性的商业决策，女性不得不使自己的大脑分出更多区域。

比如驾驶，这使得我们的大脑需要发展出曾经比较薄弱的导航功能。（这里可以解释一下，为什么大多数女性的方位感较为欠缺，因为社会分工的不同，使得这个部分的大脑功能较少得到开发与训练。）在一些男性较为优势的行业中，如特警、航天员等，出现了越来越多的女性，这要求女性的大脑像男性的大脑一样，对突发情况保持应变，提高专注度。同时女性还有一些独属于自己的梦想，比如，世界那么大我想去看看，但是我们不仅要看得美，还得看得安全，这就要求女性大脑要像男性大脑一样在陌生环境中发展出更强的自我保护能力，同时对环境与空间的改变更具有判断能力。

这种崭新功能的生发，对女性在情绪、心理健康等方面，产生了一定的影响。新女性大脑很难在短时间内排除所有的干扰、克服所有的缺陷，于是女人变得情绪不稳，心情抑郁，紧张不安，焦虑烦躁，注意力不集中，学习和注意力下降……她们似乎无法对自己的生活、职业、人际关系以及社会中的位置等问题做出重要回答——她们不停地问：

我该怎样生活？我是接受这份工作还是去出国深

造呢？我是改变自己还是保有真实的自我呢？

抑郁的心情、过度的焦虑和惊慌、注意力缺失以及记忆力下降，都不能使我们做出正确判断。当一个人被过量的信息、情绪压力以及惰性所纠缠时，就很难在生活中发挥最大的潜力。

在这一课中，我们总体上了解了传统女性大脑和新女性大脑的区别，以及时代发展为女性大脑发育带来的新挑战。下一课中，我们将来了解女性大脑的核心优势。

第 2 课

如何运用好女性大脑优势

"反正我就是知道",这句话是女人们常说的一句。为什么女人就是知道一些事情?直觉好是女性大脑的第一大特征,也是女人们的优势。

上一课曾经提到过,女性的直觉力之所以很好,是因为女性大脑的广泛联系性更好。大脑成像研究证明,女性追踪直觉的脑区更大,这些是大脑进化的结果，往往一个直觉好的母亲，能更好地照顾自己的孩子。因为小婴儿不会说话，完全依赖母亲的照顾，假如他遇到一个直觉力好的妈妈，那也许真是人生之初的一大幸事。有一次我和一个女友约会，当时她的宝宝一岁左右，我们正聊得热闹的时候，她忽然表现得坐立不安、心神不宁，过了一会儿她就说："不行我得赶紧回去了，不知怎么有点担心宝宝。"果然，她回到家看见宝宝正在大声哭闹，带到医院一看果然是病了。和一个人的连接越紧密，关于这个人的直觉性可能越强。换句话说，强烈的爱会带来强大的直觉。

那么女性善于将直觉用于哪些场景中呢？

首先是环境，女性对风景宜人的自然环境更为敏感，需求度也更强。对于空间环境，女性天生有一种改造能力与适应能力，通过改造外部环境达成了对内心环境的梳理，这几乎是女性的本能。而对人文环境的判断和在意程度——比如，一个公司或者一个组织的人文环境——往往也是女性率先做出反应。女性对环境的敏感程度，也体现在对安全性的觉察上，比如，到了某个地方，一旦有危险信号，女人们会最先做出反应并迅速离开。

第二是关系。女人更善于捕捉非言语信息，你的身体语言、面部表情、眼神的改变，甚至包括这一句话语与下一句话之间语调、语气的不同，都逃不过女人们的直觉。

女人在关系上的直觉会使女性快速调整关系，更积极地改善关系；当然另一方面，假如过度使用直觉，也会破坏关系。

第三是对孩子的养育，这个上文提到过。

第四是职业的选择。女人擅长用直觉去确定自己的职业，那些用直觉选择了自己职业的女性在一定程度上呈现了更大的稳定性。

女性大脑的第二大优势是共情能力强。

我们多数人都会有这样的体验，无论是男人还是女人，在寻求理解、安慰和同情时往往找的都是女性。在历史上，世界范围内，那些代表了爱与关怀的人，也往往是女性，比如特蕾莎修女、圣女贞德、珍妮·古道尔、南丁格尔、海伦·凯勒的老师莎莉文、教育家蒙台梭利，以及奥黛丽·赫本等。

共情是一种识别和分享他人感受的能力。原始社会，女人分工上更多地负责社交，谁家又多了几个猎物，谁家又生了孩子，或者谁家的房子更结实，女人都要反应一下，自那个时候起，女人的共情能力已经打下了基础。

共情能力强的人，也是镜像神经元更发达的人。什么叫镜像神经元？用神经科学家的话来说就是，DNA决定了我们是不是人，镜像神经元决定了我们能否塑造文明。举个例子，当看到一张悲伤的脸，我们也难免悲伤；看到别人开怀大笑，我们也会咧嘴；旁边的人打哈欠或者抹了一下嘴，我们也会跟着做相同的动作。我们对他人与世界的理解能力、共情能力和语言能力，都仰赖于它。这个神经元越发达，社交能力也会越强。说白了，那就是一种"感同身受"的能力。

女性大脑的第三大特征是自控力强。需要特别指出的是：这里所指的自控力，是特指控制强烈的消极情绪与行为，比如极端的愤怒与攻击倾向。女性更善于抑制强烈的消极情绪，因为女性大脑中控制愤怒和攻击的脑区，也就是前额叶这个地方更大一些。这个脑区有关决策与控制冲动，提高这个部分的活跃性，可以增强决策能力。同时，会变得更谨慎，更善于自我保护。比如，不管是有意还是无意，女人很少做对自己的大脑不利的事。

女性也很少做对自己健康不利的事情，通常会做按时服药、定期体检、奉行健康饮食等这些更有利于健康之事。对待健康的态度也是更为谨慎和自控的。

女性大脑的第四大特征是敏锐的警觉性。

女性大脑对危险更为警觉，因为女性大脑中有一个负责觉察错误的脑区非常活跃。这在一定程度上就可解释，为什么通常女性更具备心灵成长的动力，因为她们更能自省，更善于发现自己的问题。

在一个家庭里，那些更关注健康、监督家庭成员服药的，通常都是女性。一旦有些身体不适，女人会更加关切，然后尽可能早地去见医生，或者查找原因。

适度的担忧加上女性大脑超级优秀的联系功能，使得女性实在是活得更仔细、更安全。

现在我们来总结一下：女性大脑的四大优势：

直觉好，共情能力强，自控力强，警觉性高。

加油站：

如果你发现自己最近记忆力下降，那么可以密集地去关注一些新奇的东西，因为大脑天生喜欢那些好玩的事物，这相当于对大脑进行一次刷新与重启。

第 3 课

传统女性大脑的挑战

我见过很多在亲密关系中迷失自我的女性,这里的亲密关系指的是广义范围的,包括并不仅仅局限于爱情。女性更容易在团队中过度负责,女性也更容易产生共情疲劳。所谓的共情疲劳就是女性天生容易照料他人的情绪,这会导致别人依赖她们,也会使她们负担过重。

边界模糊,是女性大脑的第一大挑战。这种模糊不清的边界感，不单单体现在关系上，也体现在女性对空间的认知上，比如说，男人大多靠距离、具体方位来记忆位置，女人则大多通过某个地标建筑或者什么店铺来记忆位置。

再进一步说，女性大脑的边界模糊使得很多女性存在整理与收纳上的问题。

在友情上，女性通常也是边界模糊的，她们会本能地认为，她是我的好朋友，那也是你的好朋友，我喜欢她，那你也会喜欢她，所以在生活里会常常看到女性友情中的一种三角纠纷，B和C都是A的好朋友，然后A介绍她们认识，之后呢，B和C变成了更好的朋友，或者B和C产生了冲突。不管是哪种情况，A发现自己都很难受，而且她也并不知道问题出在了哪里。

造成边界模糊的根本原因,是女性大脑的区隔性不佳,好比一个通透的大开间,每个脑区之间都联系紧密,之前我们做过一个比喻,女性大脑好比是个大帝国,女性大脑喜欢多脑区联动处理信息。

边界模糊会带来不必要的情绪问题、实际负担过重,也会使得时间、金钱和沟通上的成本都大大增加。边界感模糊的最大问题是会干扰女性的自我认知,因为我们生活在复杂的关系与需求之中,倘若无法做到区隔、澄清、排序,最终影响的就是一个人对自我的认知。

女性大脑的第二大挑战是情绪化。

由于女性大脑的联系性更高,所以我们想的、说的,以及做的每一件事,都会牵动着我们的情绪。换句话说,不论你在干什么,情绪那个脑区总是24小时分秒值班，密切关注着你的动向，随时待命出击。在一些科学研究中，大多数女性认为自己更容易表达欢喜、喜爱、挚爱、热烈、同情这些情绪，同时，她们认为自己也更容易表达消极情绪，比如沮丧、脆弱、反感、羞愧。而问题就出在，女性大脑更容易识别消极情绪，而且还容易强化消极情绪，也就是说：消极情绪很容易就成为其情绪主体。

再有，女性有更复杂的荷尔蒙周期，更容易产生情绪障碍。而由于女性大脑更复杂，女性所经历的也多是混合型情绪，辨别这些情绪对女性大脑来说并非那么容易，情绪障碍也就在所难免。

消极情绪的长期与全面埋伏也许最后会改变我们的容颜，愁眉苦脸、面红耳赤、疾言厉色、张皇失措……这些形容面部表情和神态的词语，其实都来自于明显情绪。你在性格温和的人的脸上可能很少看到这些。

那些我们在生活中看到的女性心平气和、身心健康,多数有两种原因,一种是她们的母亲在孕育她们的时候,非常平静祥和,这是先天因素;还有一种情况,是她们后天努力修炼的结果。

女性大脑的第三个挑战,自我归因。

这是什么意思?比如说,孩子进入了青春期,有些叛逆,天天把自己关起来戴个耳机,假装什么也没听到,这个时候母亲会想,都是我不好,小的时候没有好好陪伴他。再如看到一只流浪狗,女人也许会想,要是我有能力收养就好了……一句话,女人常常觉得很多事情都是自己的问题。

这样的自我归因会导致什么呢?自然是心理包袱越来越重,而且女性为了让别人认同自己,不惜自我牺牲，麻木情绪，压抑真实想法。为什么会这样呢？习惯自责的女人，通常会觉得自己和他人是个整体，边界不清自然导致责任不清。另外，女性更习惯使用右脑，而左脑擅长分析决策和归因。第三个原因，大脑具有一种独特的适应性：一旦一个想法总是出现，它就容易适应和习惯这个想法。如果一个大脑总是出现"都是我不好"这样的信号，那么大脑最后就会认定：嗯，对，就是你不好。也就是说，不管是情绪，还是一种评价，一旦它长期高频度出现，大脑就会习惯并认同了。

从心理学的角度，不良的养育方式也会导致这样的归因模式。我有一位女性来访者，她的母亲对她要求很严格，她从小在很严苛的环境中长大，几乎没有被肯定和赞美过。她有一种习惯性思维，就是只要出现什么问题，一定就是"我不好"。因为妈妈最常说的一句话就是：先在你自己身上找原因！她就像是一个永远手持放大镜在自己身上找缺陷的人，活得特别辛苦。

女性大脑的第四个挑战，焦虑值高。

雌激素对另外一种负责恢复平静的大脑激素有抑制作用，这使得女性更容易在焦虑感中挣扎。焦虑值高常常表现为紧张、易预测坏事发生，害怕冲突，身体紧绷僵硬。

从心理学视角，一般会认为上述是缺乏安全感的表现。心理学普遍认为，一个人的安全感主要是由三岁之前与母亲的关系决定的，三岁之前幼儿越是能够得到母亲足够的关爱、需求的满足，越容易发展良好的安全感以及与外部世界的关系。

加油站：

如果你总是很难记住一个人的名字，那么尝试着把他的名字和他某个面部特点联系起来去记，比如，那个人总是爱笑，那个人头发浓密，等等。这个时候，你负责记忆的海马区会有一群神经元在放电，记住的可能性会加大。

第二板块

大脑的情感陷阱

第 4 课 "伪装"掩饰情绪

第 4 课

"伪装"掩饰情绪

医学博士、心理学家蒙娜丽莎·舒尔茨曾在其著作中提到:女性大脑内部共有七个与恐惧和焦虑有关的区域。你可以想象,在你的大脑里有七个安保系统,一旦这其中任何一个安保系统发出警报,你就会产生情绪反应。我们现在来了解一下这七个安保系统,当我在逐一表述它们的时候,请你对照自己,来审视一下,你最容易出现安全感问题的是哪个部分？

1. 家庭的安全。

2. 重要人际关系和财务的安全。

3. 责任与工作的安全。

4. 情绪表达与被爱的安全。能够自由地表达所有的情感，包括负面的。同时在得到关爱和关爱他人时感到安全和自信。

5. 时间的安全。我们在时间的使用以及时间感上是安全的。什么是时间感，比方说对岁月的流逝带来的容颜老去，有人随遇而安，有人非常焦虑。

6. 思想与道德的安全。我们得允许自己和他人对世界有不同的看法。

7. 生活目的，终极归宿的安全。平和地看待生死，在纷繁复杂的世界里找到精神世界的宁静。

其实这七个中心是彼此相关、互相影响的。在这七个板块中，有两个是与情感最直接关联的。一个是重要人际关系和财务安全这个中心。一个是情绪表达与被爱安全这个中心。女性大脑的情感问题多是由这个两个区块引发。一旦这两个安全中心触发报警系统，女性大脑的反应就会比较强烈。因为女性会更在意情绪表达与被爱的安全，所以容易在沟通上要么过度情绪化，要么隐藏真实感受。在爱与被爱的安全上，女性更易患得患失，不能确定对方是否真正地爱自己，由此带来更大的情绪成本。

由于女性大脑的安保中心容易处在高度戒备状态，所以，会给女性带来一些默认程序，我称它为女性大脑的情感陷阱。这些情感陷阱都是什么呢？先来讲个故事。

我的一位来访者，在朋友圈里、社交平台上，几乎每天都在秀自己的美好生活，比如又去哪里旅游了，打卡了网红餐厅，爱人又给她买了限量版礼物，孩子的钢琴成绩很优秀，等等。虽然努力维持着一个完美人设，但私下里她丝毫不觉得快乐。虽然衣食无忧，但是与爱人因为工作聚少离多；而看上去四处旅行，却常常一个人在陌生城市的旅店里独自哭泣；孩子很优秀，但也在逐渐长大而离她越来越远。她也找不到人倾诉，因为身边所有的人都觉得她很幸福，拥有很多别人没有的东西。有几次她尝试着诉说，可是并没有得到理解，一个朋友说你是身在福中不知福吧。

这就是大脑的情感陷阱之一：伪装——伪装幸福、快乐和平静。女性往往更在意社会关系、家庭关系的安全性与稳定性，常常为了维持一种社会地位、人际关系与自身形象，伪装成幸福和快乐的样子，也就是说我们隐藏和伪装了真实的情绪，以此来使大家相安无事岁月静好。在情感中的伪装，是大脑的一个小伎俩，以为装得很幸福，就能真的幸福，但是感受往往出卖了大脑，所以就像这位朋友一样，会感到分裂，压抑。

以下有几个问题请你回答，测试你是否是一个善于"伪装"真实情感的人。

1. 在别人眼里我乐观积极，只有我自己知道根本不是这样。

2. 当我讲述一段悲伤的经历时，我要么非常平静，要么是笑着说的。

3. 我时常担心别人会讨厌我，不喜欢我。

4. 我总是先说对不起，即便不是我的错。

5. 不管是高兴，还是愤怒，我习惯性地面带笑容。

6.我几乎没有什么情绪波动,有时也不知道怎么去争取自己想要的东西。

7.他人评价我什么都挺好的,但是我并不自信。

8.我常常感到找不到合适的人倾诉,但是他人又很难真正走进我的内心。

9.对父母我报喜不报忧。

10.我的生活中少有那种深入的关系,多为泛泛之交。

这些问题如果全部或者6个以上的回答都为"是",需要引起注意了。也可能你身边有这样的朋友,那么你需要留意一下,并尽量多地给她们一些关注与关怀。

我们要怎么对付这个伪装陷阱?接下来进行的这个训练,我称它为整合四部曲。

分区,是整合的第一步。我们首先要分出哪些是真实的情感，哪些是虚假的情感，进行区隔。上文提到的这位来访者，我当时请她画了个一分为二的表格，一侧写真，一侧写假。把她能想到的都列出来，她把一些正面词汇都写在了"假"的那栏，比如平静、快乐、幸福、自信、从容；一些负面词汇都写在了"真"的那栏，比如脆弱、自卑、压抑、抑郁。

然后我们进入了第二步，识别。通过"自我对话"将隐藏在虚假情感背后的真实渴望识别出来。这相当于给女性大脑清理路障。什么叫作自我对话？又如何进行？

自我对话是心理学中进行心灵疗愈的重要方法，它是通过对内在真实的自我交谈来实现的。它需要一个绝对性的前提：对自我诚实。这也是所有心灵治疗的前提。同时，它需要一些条件：

1. 安静的空间环境。这是为"与自己在一起"提供空间上的保证,"与自己在一起"是一件神圣的事,这也是现代人缺乏的一种素质。你与自己在一起的时光应是不被打扰的,没有他者的存在,更利于你直面真实的自我。

2. 你需要确定某个形式。这个形式是最能接近你的内在。比如在空旷的野外环境,躺在草地上仰面看天;比如对着镜中的自己;比如夜深人静之时创作诗歌。诗人邰筐曾写过这样的诗句:

> 人只有在夜色中才能裸露自己的灵魂 / 他们蘸着月光清洗眼中的沙子 / 他们扯出身体里隐藏着的乌云 / 就像从破袄里扯出棉絮

诗人用诗意化的表达说出了人的心灵与夜晚的关系。也有人选择静坐的方式,当然,你完全可以用自己的创意性方式去进行,只要能够让你的心灵很快静下来,就可以。也许有人会说,我就是不知道如何让自己安静下来啊。这是一个自我探索甚至是摸索的过程,要给自己一点时间。

3. 确定如何进行对话。笛卡儿说:"我思故我在。"自我对话是对"我"的存在最为直接的体验,它是一种哲学意义上的交流。当一个"我"与另一个"我"进行对话,这意味着有两个自我。你可以理解为,一个是现实的你,一个是内在的你。或者一个是戴着面具的你,一个是真实的你。而连接这两个自我的纽带,就是我们内心真实的渴望与需要。

现在,以一位来访者为例,我请她以这样的句型来自我对话："当现实的/戴着面具的我假装什么的时候，内在的/真实的我其实是希望什么？"她是这么回答的："当现实的/戴着面具的我假装幸福的时候，内在的/真实的我其实是希望别人羡慕我，如果被羡慕，我会感到满足。当现实的/戴着面具的我假装快乐的时候，内在的/真实的我其实是希望别人喜欢我，如果被喜欢，我会感到自己有价值。当现实的/戴着面具的我假装从容的时候，内在的/真实的我其实是希望自己足够强大，这样我就不会害怕。"

识别之后，我带领她进入了第三步，拓展。这相当于给大脑修通脑回路。

我和这位来访者是这样进行的，我请她回答：除了假装幸福，是否有其他方法可以令你感到满足？这个她想了很久，最后说她得认真想想。我又问她除了假装快乐，是否有其他的途径可以令你被人喜欢？或者当你做什么的时候，你感受到了被喜欢？她当时问了我一个很深刻的问题：为什么非要被人喜欢？为什么我们都这么追求被人喜欢？不被喜欢会怎样呢？接着她想了想，说："我可以帮助那些需要帮助的人。"我继续问，除了假装从容，是否有其他途径可以令你强大？她也是想了半天，说："我想去了解一下真正的从容到底是怎样的。"

这几个步骤是步步为营的，逐层澄清，次第展开，使她在厘清自己欲望的同时，也在寻找路径。当然这不是一次完成的，她大概持续做了两个月，每一次我们都会细如抽丝地进行工作。在这个过程中，我们厘清了很多非常重要、必要，而我们大多数人可能一生都不会刻意去思考的问题，比如：什么是我的自我？

我到底想要什么？我的内在潜能是什么？如何让自己快乐？

最后一步就是意义。就是活着的意义与目的。超越当下，和未来建立联结，确立目标感和意义感，是释放女性脑能量的关键。这位来访者最后给自己设定的目标是，做一个身、心、健康发展充分整合的人，她给自己设定的生命意义是：给这个世界带来正向积极的能量。她本人的专业是人力资源，而且职业化水平是很高的，后来她找到了几个公益组织，专门给这些公益组织的人，以及组织所覆盖的群体做人力资源方面的培训。这个过程中她慢慢体验到了真正的快乐平静和价值感。也许接下来她还会遭遇其他的心灵困境，但是在彼时的当下，她体验到了那种平实的感受，她说那是她多年以来未曾有过的。

我和她后来的几次见面，讨论了一个问题：对女性来说到底怎样才叫作独立？

什么叫作真正的独立？这关系到第二个情感陷阱：过度依赖。健康的情感关系是彼此依靠而非依赖——依靠，就意味着你们彼此都是独立的。独立具有以下的层级：

经济独立——自己养活自己，离开谁你都能活得很滋润。这是独立最基础的层级。

思维独立——对他人和世界有着属于自己的思考，你不依赖于他人给你答案。这是独立的中级阶段。

人格独立——清晰地了解自己，完全地知道自己和他人的边界。这是独立的中高级水平。

情感独立——不依赖于他人而存在，既可以享受欢聚，也能够享受孤独。这是独立的高级阶段。所有的这些相加，才构成了真正意义上的独立。

在女性追求独立的过程中，以下几点要注意：

1. 独立不一定作为终极追求，因为独立的需求在生命中是阶段性出现的，到了一定阶段后，它会退位或者消失。要尊重作为一个人在不同阶段生发出的真实需要。

2. 切记不要为了独立而独立。

3. 不要让独立走向孤立，不论怎样的独立都要保持高质量的关系上的联结。

现在，我们从女性的情爱关系上扩展一下，从更广义的角度审视一下女性的这一特征。

情感陷阱的又一大特征：非理性回报。

那么怎么能让自己不陷入非理性的付出？很简单：树立边界。

什么是边界？

边界是我们建起来的、身体的、情感的、精神的界限，用来保护我们不受他人的操纵、利用和侵犯。

如何建立边界？现在请你拿好纸笔，画一个三角形，请在三角形的左侧那个角写上：责任，然后在右边那个角写上：自由，最后在顶角写上：爱。好，请记住——这就是边界三角。在一个边界三角中，责任、自由与爱构成了踏实坚定的关系，缺一不可。所谓责任，就是清楚知道那是谁的责任，谁的责任谁负。所谓自由，健康的关系里包括说"不"的自由。所谓爱，是指在健康的关系里，一个人既是爱的付出方，也是爱的享受方。

而这个爱，还有另外一层含义。我的一位来访者在关系中承担了过多的责任，不该她背负的她也主动背上，咨询过程中她发现是因为太怕别人不喜欢自己，所以有求必应。事实上，她内心并不情愿。我带领她看到边界三角，其中在爱这个地方，她有个重要的感悟：一个人比得到他人的爱更重要的是，先自己爱自己。她发现其实自己并不爱自己，也不喜欢自己。就是说，边界三角中的爱，不仅指你和他人的关系，也包括你与自己的关系。

那么，如果你真的觉得自己是一个在关系中被侵犯了边界的人，要怎么做呢？

试试以下3个步骤：

1. 尊重你的感受，不管你的感受有多糟糕，你都要尊重它。尊重自己的感受意味着接纳自己。

2. 尝试说出你的需求，尝试说出需求意味着让他人了解我们在关系中的底线。

3.温和而坚定地说"不",意味着我们可以享受关系中的自由。

这3步,可让你在关系中及时止损。

现在,进入练习环节:

请你以目前令你感到困扰的一个关系为例,被困扰的埋由也许你是边界被侵犯一方,也可能是你意识到自己有可能侵犯了另一方的边界;可以是朋友家人,也可以是恋人。对照责任、自由、爱的边界三角,根据三者在你们关系中的比例,画出你们之间真实的三角形。然后看看它是个什么样的三角形,如果可以,你也可以邀请对方画一个,然后做一下比对。如果可以就各自的三角形来讨论一下你们的关系那就更好了。

一种健康的关系,边界是建立在恰当的自尊之上的。而自尊是一个系统值,它包含着三方面的内容,或者说，自尊由三大支柱构成：自爱、自信与自我观。到底什么是自爱呢？自爱真正的含义是：它是一种自我支持的力量，是可以让我们在精神、身体与心灵上都形成一种对自我具有持续性支持的力量。而自信是指向胜任力的，自我观则是我们对自己的看法，我们如何认识与定义我们自己。这三者是相互滋养的关系，当然，也可能是相互抵消的。在我看来，自信是形式，自爱是方法，自我观则是"理论基础"。黑塞曾经说过："每个人真正的职责只有一个，那就是找到自我。"怎样尝试去建设你的自我观呢？你至少需要问自己这样一些问题，而后诚实地回答自己：

1. 我是个怎样的人？

你如何看待你自己呢？如果请你用五个词汇来形容自己，你首先想到的是什么？

2. 我有哪些可能性?

这一条说的是你的潜能。其实一个人的潜能是不可限定的。你可以试着问问自己,如果不是从事现在的行业,你会做什么?你可能会把什么做得很好?除去目前已经确定而成型的这部分生活,还有什么是有可能发生的?

3. 我是怎么思考的?

这一条说的是你的思考模式。一个人的思考模式决定了他的行为模式。充分了解自己的思考模式,意味着在本质上认知自我。

4. 我是怎样应对压力的?

真实的生活充满困难与压力,一个人应对压力的反应决定了他的潜能。有人是逃避,有人是激进,也有人是谋定而后动,你的压力反应模式是怎样的?这个问题还可以进一步细化：你对压力的态度是怎样的？你是否了解压力形成的根本原因？你是否形成了独属于自己的减压方法？

5. 我有哪些常见情绪，以及我如何管理我的情绪？

一个人的情绪管理能力对一个人意味着什么是不言而喻的。你的常见情绪是积极的，还是消极的？抑或多为平静的或者激烈的？这个问题也可以进一步细化：你了解自己的情绪规律吗？通常什么样的点会引爆你的情绪？如果你的常见情绪是消极的，你如何理解这种消极？

6. 我和自己的关系怎么样？这是一个相当本质的问题。你喜欢你自己吗？

7. 我有哪些别人不知道的点？这一条可以理解为附加题，事实上，每个人都有一些他人并不了解甚或无从知晓的"点",那可能是你的一个特长、一个擅长技能,一个不容易展示出来的点。这成为我们的某个惊喜。

除此之外,我们还可以进一步自我提问以下的问题,这些问题具有典型的时代意义,是我们每个人都绕不过去的命题。

1. 我是否能够祝福他人的成功?能否祝福他人的成功意味着一个人的内心格局,也是根本性的善意。

2. 我是否了解自己欲望的合理性?我们看到很多人对自己欲望的合理性缺乏一种理性的认识,所谓欲望的合理性,是我们对自身能力与欲望实现之间的评估,有很多人的痛苦来自于能力与欲望之间的失衡。

3. 我是否了解自己对待分离与死亡的态度?这也是相当本质的一个问题,现代人有很多心理问题由"分离焦虑"带来,难于分离意味着无法成长,就其本然来说，人就是在一次次分离中自我成长的。

4. 我是否了解自己的规律？世间万物，只要是有机物，都有其自身规律。无规律无法成其活，对人来说，生老病死也是无法抗拒的规律，对一个个体来说，知道自己的内在规律，就意味着对自己生命的掌握。

5. 我有怎样的金钱观？我们对金钱的态度很大程度上决定了我们的生活态度与行为准则。

6. 我有怎样的三观？人生观、价值观、世界观，构成了一个人的精神世界。简单说就是一个人认为自己为什么而活，人生中什么最有价值，对世界是如何认知的。

7. 我有怎样的人际观？所谓人际观就是你认为在人际交往中什么是最有价值的，这个显然是因人而异。不同的人际观也会带来不同的人际反馈。

加油站：

当你心烦意乱情绪翻涌之时，试着去清理一下你的厨房，让厨房死角没有积尘；水杯碗碟都呈现如新的光泽。当然也可以是衣柜或者整个房间。这样光洁的环境，会使大脑恢复平静下来的能力。

第三板块

提升事业竞争力

第 5 课　教你善用直觉力获取关键信息
第 6 课　如何用好大脑提升创造力
第 7 课　成为行业 No.1，需要具备哪些条件？
第 8 课　拥有大脑的平静力应对未知

第 5 课

教你善用直觉力获取关键信息

先来做个有趣的小测试。

目的是测一下你的直觉力,而且是非常具体的一种直觉力,环境直觉应变力。到一个新的场所、工作、城市、国家,你的直觉应变力怎么样呢?这个对经常更换环境的现代人来说还是比较重要的。

这个测试是由哈佛大学心理学博士杨森研究开

发的：

难得出国一趟，总要尝一尝地道的异国风味，每个地方都有其特殊的风味小吃，什么样的食物让你最难忘，请你做出选择：

A. 南洋热辣的鸡肉咖喱

B. 北欧浓郁的起司火锅

C. 日本淡雅的怀石料理

D. 美式厚实的汉堡薯条

选择A：你很在意自己的意外发现，会追根究底，找出让你跌了一跤的原因。反映在环境直觉应变能力上就是，你对某处的环境有强烈的感应，并能够很快地与环境融为一体，应变能力快而敏感。

选择B：你经常会做错事。不过当尴尬的事情找上门来的时候,你也会从容地应付,保持一定的风度,不会跟对方起正面冲突。反映在环境直觉应变能力上就是,你对环境的应变能力一般。可是你有千方百计融入这个环境的能力,所以也就部分地弥补了你在环境直觉应变能力上的不足。

选择C:反映在环境直觉应变能力上就是,你不愿融入到新环境中,经常我行我素,应变能力较欠缺,身陷窘境而不愿意改变目前的状况。

选择D:你性格爽快大大咧咧,当遇到尴尬的事情时,即使再怎么让你难受,没有多久,也会像没事一样,泰然自若地与人谈笑。反映在环境直觉应变能力上就是,你是一个对环境变化没多大感觉的人,走到哪里都坚持自己的一贯风格,对新环境带来的冲击,你会随遇而安,而不想主动去适应它。你会满以为自己这套处事方式无所不能，殊不知它造就了你在人格方面的两面性。你应该对新的环境采取一种积极的态度。

什么是直觉，人类一直以来尝试给它一个明确定义，但是后来发现：它作为一种认知方式，某种程度上是无法用理性解释的，因为其实它是超越理性而存在的。近年来有个说法逐渐被广泛接受：直觉是一种在意识中迅速出现的、足以引起人注意的感觉，是一种快到让我们无法评估的思考，无须仔细观察和推理便可直接领悟的能力。每个人的直觉力不同，直觉力的方向也不一样。

心理学家卡尔·荣格曾经把具有直觉的人分为内向型直觉者和外向型直觉者。前者的直觉主要面向心灵的内部世界，由此而增长了灵性。很多心灵大师、艺术家属于这类。后者的直觉主要面向对外部世界的观察，他们会给世界带来一个又一个前沿探索。显然，一些成功的企业家比如乔布斯，以及发明家爱迪生都是后一种。女性在前者中的比例稍大一些。

我想分享一段我自己的经历。

2013年，我犹豫着要不要从已经做了16年的媒体行业中走出来，进入心理行业。当时我已经是主编，收入、社会地位、自我价值感都已经很不错了，再往下走也不会差。当两种选择势均力敌时我会纠结，怎么办呢？

有一天，我特意找了个时间，准备好笔和纸，安静地坐下来。我把两种行业的未来发展走势列了出来，然后又把两个行业的大致收入做了对比，心理行业其实投入是很大的，你得始终保持学习，持续投入，你必须跟上它的发展节奏，但是我在媒体方面的从业技术已经很成熟了。也就是说，我不太确定我投入到心理行业的前五年甚至更长的时间，能否有稳定且和之前相当的收入。在这个地方，我打了个大问号。

把这些都列在了纸上以后，我就放下了它。之后的几天，我刻意没有再想它，就好像把它放进了冷冻室一样。

几天以后，在一个特别无意的时刻，记得当时我好像正在吃饭，脑海中忽然就浮现了一个形象：10年后，我作为一个心理学专家，在做一场演讲，而台下都是因为我的帮助而让生活变得更好的人，那种感受太美好了。在那一刻，我无比清楚地知道：这就是我要的答案！

后来，我就这样做出了决定，成为了此刻的我，能写书、咨询并和你分享成长历程的我。

在这段经历中，我使用了一个激发直觉力的方法：潜入密室法。如果你现在正为一个问题所困扰，不知道如何做出决定，试试这个方法。

它分为以下3步：

1. 搜集。尽可能搜集关于这个问题的所有信息，从任何可能的角度加以分析，钻研解决这个问题的最佳方案。

2. 暴晒。将这些材料在你脑子里反复呈现，就像暴晒一样。

3. 晾着。彻底地、刻意地把它放到一边，尽力地把注意力转移到其他重要的事情上去。

就这样，这个问题就会进入潜意识，相当于潜入了你思维的密室里，你不用管它，让它在那里好好待着。

它在那里自动地重新分析处理。这个密室动用的就是直觉力,它将在你无意识的情况下逐一浏览以前储存的信息,并且和这个问题建立新的联系。

爱迪生用了13年的时间使电唱机得以完善,他曾这样介绍自己的发明窍门:道理很简单,我只是充分利用自己的潜意识,我会彻底地思考一个问题,若无法得到答案,我就把它交给潜意识,几小时或者几天之后,答案自然就出来了。

当你思考这些问题的时候,一定要携带着你的真实感受。想象一下做出不同抉择的你,分别会是怎样的感受。感受是灵魂最高级的语言,它能最直接地将你与直觉连通。

激发直觉力的第二个方法:呼唤法。直觉作为一种模糊的感受,需要你给它力量,给它勇气,给它一种显性的药水。这药水就是喊出来。当你作决定时，你需要刺激你的潜意识。反过来当你无法确定哪一种选择，你尝试着把它们用声音表达出来，哪个声音更大，更笃定，更畅快，也许哪个就是你的选择。反复高声说出你的决定，反复背诵你对自己的声明，直到在你的想象中看到结果为止。在所有的情感中，信心是最强烈的一种，你的潜意识只有接受情感化的指示，才愿意去化为行动去执行！

这一课的练习，就是：呼唤法。请你试着喊出你正在犹豫不决的一个选择或者想法。比如，那可能是一个新的职位，或者一个新的城市。时间段最好是早上睁开眼睛的瞬间以及临睡前。反复5次。留意你呼喊过程中的感受，由你的感受来作决定。

加油站：

请你现在就去卸载一个手机里你不会再使用的APP，最后，试着把近日来缠绕着你的一个负面想法，扔进想象中的粉碎机，直到听到它被粉碎掉的声音。我们为什么这么做？因为正是这些占据我们能量空间但是又不能给我们带来贡献和滋养的事情，阻碍了我们的直觉力。如果你每周都能做一下清理工作，比如不再穿的衣物，失去效力的承诺，或者一句批判，那就再好不过了。

如何用好大脑提升创造力

先来做个小测试,测测你的创造力指数。这个测试是根据中外众多科学家、发明家的个性、心理特征编制和设计的。

请你对每一道题,分别记下是或否。用你的第一感觉,迅速回答。

1. 即使是十分熟悉的事物,你也常常用陌生的眼光审视它。是 / 否

2. 你评价资料的标准,首先是它的来历而不是它的内容。是 / 否

3. 你从事的事业即使遇到挫折和困难,也不会动摇你的意志。是 / 否

4. 你很少做那些自寻烦恼的事。是 / 否

5. 聚精会神工作时,你常常忘记了时间。是 / 否

6. 你特别关心周围的人对你的评价。是 / 否

7. 令你感到最开心的事,是对某个问题深思熟虑寻找答案的过程。是 / 否

8. 你不认为灵感能揭开成功的序幕。是 / 否

9. 你对周围的事物有好奇心,一旦产生了兴趣很难放弃。是 / 否

10. 你认为把事情做得尽善尽美是不明智的。是 / 否

11. 遇到问题，你能从多方面探索它的可能性，而不是一条道跑到黑。是／否

12. 那些没有报酬的事，你压根就不想干。是／否

13. 你对于事情过于热心，当事情完成之后，总有一种兴奋感。是／否

14. 按部就班循序渐进，才是解决事情的最好办法。是／否

15. 你宁可单枪匹马，也不愿意和许多人联合在一起。是／否

16. 和朋友争论问题时，你宁可放弃自己的观点，也不使朋友难堪。是／否

17. 对你来说，提出新的想法，比说服别人接受这些想法更重要。是／否

18. 你所关心的是，那到底是什么，是怎么回事，

而不是可能是什么，可能是怎么回事。是 / 否

19. 你总觉得你有用不完的潜力。是 / 否

20. 你不能从别人的成败里发现问题，吸取经验和教训。是 / 否

计分方法：一共20道题，每道2分，总计40分。凡是1、3、5等奇数号的题，答是的得2分，答否的得0分。凡是2、4、6等偶数号的题，答是的得0分，答否的得2分。

14分以下：在工作上比较少感到灵活思维的快乐和喜悦。不过，不要灰心，那些熟悉的工作是你的用武之地。

16—26分：创造力一般。你习惯采用现有的方法与步骤。在考虑与处理问题上虽然保险，但难有大的

突破。思维灵活性是创造的基础，你不妨多做些自我训练，说不定机会适合时会显出你的才干。

28—40分：创造力强。你具有许多不寻常的个性心理特征。你既能灵活深刻、有条不紊地思考问题，又能将思考的结果加以实现，这就是你最大的优势。你是个人才，如果已经有所成就，就要戒骄戒躁，如果暂时还没有也不要急，只要努力，总会崭露头角。

你得了多少分？我可以告诉你的是，我的分数是34分，但是，大概5年前，当我第一次做的时候，我勉勉强强得了二十多分。5年过去了，我是怎么转换分数档位的呢？

接下来的时间，我们来看看那些被评价为有创造力的人，他们的思维与行为具备哪些特点。现在请你告诉我：如果一个小孩子看到了吹风机，问你，这是什么？你会怎么回答他？你的答案可能是吹干头发用的是吗？那么，请问你，吹风机有哪些用途？你能说出 5 种以上吗？同样的，如果孩子指着一把尺子问你，这是什么？你说是用来丈量距离用的，那么再问你，尺子还有什么用途呢？你能想到几种？如果目之所及看到一块砖，你能想到一块砖超过 5 种以上的用途吗？

有一个概念叫作创造力金三角，它表示的是创造力强的人思维行为的三个特征。

第一个特征：流畅性。创造性高的人心智活动必然流畅，能在短时间内，既有反应速度，又有反应数量。比如吹风机能干什么？如果一口气说出："除了吹头发它还能烘干衣服，拍照的时候假装让青春吹动你的长发，还有用来拟音，或者把风开到最大档吓唬你家狗子(当然,这里开个玩笑)……"你就具备了第一个特性。

第二个特征:灵活性。可以举一反三,能从多个角度观察问题。比如一块砖的用途。有人可能会说盖房子、铺路面、修围墙,其实这几个都有同一种用途,做建筑材料。灵活性强的人则有很多答案,这些答案都指向不同的功能:当板凳、压平东西、画格子……

第三个特征:独特性。创造力强的人往往能想到一些出其不意的新观点。甚至会以一种独特的方式改变整个行业。比如甜筒冰激凌的发明。在1904年举办的国际博览会上,卖冰激凌的商贩由于生意太好,纸杯都不够用了,旁边一个烘焙店的老板见此情景急中生智,就建议用华夫饼来装冰激凌,结果大受欢迎,甜筒冰激凌就这样诞生了。

20世纪初有个美国人叫亚瑟·史古托,当时他拥有一家纸业公司,可是有个难题困扰住了他:运输过程中,纸张因受潮而无法使用,这意味着相当大的损失。有一天,史古托去仓库视察,一个员工忽然流了鼻血,他顺手就拿了一张受潮后的纸递给员工,员工随手就把软塌塌的纸揉搓几下卷了个球,塞到了鼻孔里。史古托看了看员工,又拿起纸揉了揉,感到受潮后的纸张的确很柔软,与那些普通的、抛了光的纸确实很不一样,于是他心生一念:能不能将错就错,就专门生产这种纸呢?此刻你该知道了,这就是我们使用的现代卫生纸的前身。

现在你大概该问了,这种思维可以培养吗?答案是肯定的。接下来我给出的这几个方法,简单易行,这些年来我也大量地实践。

第一个方法:给出更多的可能性。现在我告诉你一件事，你来回答一下你的第一反应。

圆木上坐着两个印第安人，一长一幼，幼者是长者的儿子，长者却不是幼者的父亲，怎么回事？

一件事，我们越能想到多的可能性，就意味着有更多的选择。反过来也是一样，越是有多种选择，生活就会有更多的可能性。

第二个方法：多猜谜语。和可能性思维正相反，谜语考察的是收敛性思维，所有的条件指向唯一的答案，如果说可能性训练的是我们大脑的延展性和发散性能力，那这个练习的就是我们大脑的联系能力。我们之前一再有讲过，女性的大脑联系性更好。多猜猜谜，相当于再强化这种联系能力。《魔戒前传》里，比尔博·巴金斯提过一个问题：藏着金色物体，但没有活页钥匙或者盖子的容器是什么？你猜到了吗？是鸡蛋。而且你会发现这个谜语既满足了收敛性，也满足了可能性，因为鸡蛋真的可以作为一种容器呢。

第三个方法：拼图法。假想一下我们现在坐在一个教室里，站在讲台上的是一个孩子，坐在台下的有爱因斯坦（科学家）、牛顿（物理学家）、弗洛伊德（心理学家）、马克思（社会学家）、尼采（哲学家）、达尔文（生物学家）。然后孩子提出了一个问题——"人是什么？"你现在想想，这些人分别会如何回答？他们的回答显然都会不一样，但又都是对的，是从不同的维度对同一件事给出的不同答案。他们的答案合在一起，就是更接近本质更完整的答案。所有盲人摸到的象拼起来才是一头完整的大象。

那么现在有个孩子问你，地球是什么呀？你要怎么回答呢？这个问题的用意是，你可以将这些方法用到教育中去培养一个有创造力的孩子。

当然，培养创造力的方法不止这些，但是在我的实践中，以上三个，比较灵光，也比较易行。

加油站：

想一个你此刻正在遭遇的难题，请你分别更换以下角色去回答一下自己。如果是一个六岁的小朋友遇到这个问题，他会怎么看？是你生活中最敬佩的人，会怎么看？或者如果是在三四十年后，你已经成为一个老人，那时你会怎么看？

第7课

成为行业 No.1，需要具备哪些条件？

在通往行业顶尖位置的道路上，有哪些挑战？

成为行业 No.1，需要哪些条件？

在我的咨询工作中，经常会有女性反映她们自身的一个问题：为什么我总是无法专注？这是一个普遍性问题。任何一个行业，如果想要登顶，没有足够的专注度都很难达到。也就是说，专注度也是影响人们到达顶峰的因素之一。关于如何提高专注度，我会在下一课即如何提升平静力中一并讲解。

我们现在来说说"耐力"，所谓耐力，从精神层面指的就是对抗不断增长的"想停下来不干"这种念头的能力。

心理学家认为，对一件事情，我们主观上感受到它的费力程度，是影响耐力表现最为关键的心理因素之一。

那也就是说，我们改变这种费力感，会调节耐力水平。

以下几个细节我们可以使用到执行任务中：

1. 预设一种更为轻松的心态，而不是一上来就有畏难情绪。

2. 如果我们可以选择，可以多和那些性格活泼开朗、面部表情丰富又放松的小伙伴合作，更能够积极暗示我们的耐力水平。

3. 有意识地保持笑容，或者将一张阳光朝气的笑脸摆在我们随时可见的地方。

人们常常认为是认知改变行为，其实很多时候先改变感受，行为就会在潜移默化中发生变化。

最后还有一个方法，配合上述几个技巧会更有效：打乱你的时间感，时间的存在是考验耐力的重要尺度之一。比如你在做平板支撑，我们通常都会计时，可是这个过程非常痛苦，到耐力极限的时候，多坚持一秒都要忍耐不住了。那么如果你把计时改成一支曲子或者一个视频的播放完成，你的耐力感受也许会有很大不同。

有一段时间我练习站桩，最初阶段这个练习很考验我的耐力，我就会找一首时长为5分钟左右平静舒缓的古曲，通常循环到第3遍，就是我当时能坚持的最大限度。但是假如设定15分钟，我的耐力感受就会更困难。

给大家讲一个我的来访者的故事。这个女孩来找我本来是治疗焦虑症的，了解了一下情况是这样：

女孩子刚刚参加工作不久，有一次整个单位要搞一场演讲比赛，而距离比赛就只剩下三周的时间了。她找到我的时候，用她自己的话说焦虑得"都快秃头"了。她说自己这辈子都没有当众讲过话，可是这个任务她不想推掉，因为刚刚入职，还想好好表现。

跟她深聊一下，我发现她内在还有一种被压得很深的渴望，就是她非常想挑战一下自己。也就是说，虽然表面上她很焦虑，其实她是有很大的内在动力的。

怎么办？时间紧任务重，现在你也可以想想，如果是你遇到这种情况，除了焦虑得掉头发，还有什么好办法？

我当时问了她一个问题，你最喜欢的一个主持人是谁？她说了一个知名主持人的名字。

"你喜欢她什么？"

"我喜欢她优雅知性。"

"你觉得自己和她最接近的地方是什么？"

她笑了，说："老师你别逗了，我怎么可能像人家呢？"

"一定有像的地方，你认真想想。"

"那除了性别，就是身高吧。"

"好哇，身高就是气场啊！你有没有可能是所有参赛选手中最高最有气场的人啊？"

她一听我这么说,眼睛都亮了,"老师你说得对啊。先在气势上赢对方我做得到!"

我说好,我给你留作业,你今天回去,在这位主持人的节目中找出一集来,从她出场的神态、走路姿势、语速、语调甚至眨眼的频率,总归所有的细节你回去细致观察,找出明确的词汇描述这些特点,然后你下次来找我。

三天后,她来了。作业做得不错,上面写着:神态放松优雅,眼神坚定清晰。我问什么叫清晰,她说就是聚焦。有的人眼神很迷离啊,给人一种模糊感。语速和缓,语调不高不低的,听着很舒服。然后她说:"老师我发现其实她眨眼挺频的,但是她说话的语气很笃定,所以你根本注意不到。"我当时觉得这姑娘真的挺有悟性的。

任务完成得不错，你发现她等于给这个人画了一张素描。而且她完全是用自己的理解力重新解构了这位主持人，还有自己的新发现。接着我就给了她新任务："好，那现在，我们来做个游戏，我给你找一段文章，你带着你对她的理解，把自己完全想象成她，在这里朗诵一遍。"她忽然笑着说："老师，您这是要让我来表演一下这位主持人嘛！"

第一遍，不成功，她老是笑场。第二遍，又开始紧张了。……到了第四遍，终于好些了。我让她闭上眼睛，开始再次动用想象力，把很小的咨询室想象成大礼堂，把我一个人想象成无数的观众，然后想象舞台上的灯光。她表现得越来越出色了。

三周时间，她来找了我六次，每次都为她留家庭作业，她一次比一次表现得好。参加比赛的那天，她获得了一个最佳风度奖。她后来告诉我说,这是她对自己最成功的一次挑战!通过这次体验,她有一个重要的发现:其实自己离榜样的距离也并没有那么远啊!

这就是"榜样复刻法"。一次次在脑海中复刻,一次次在行为上模仿,一次次在内心深处重现,你会缩短与卓越的距离,直到成为那种卓越。很多的卓越往往都是从模仿开始。

我们现在来总结一下,在这一课中,我们着重讨论了增加耐力的方法。最后,给出了一种常常被人们忽略但其实行之有效的方法:榜样复刻法。

加油站：

你内心的榜样是谁？请你尽可能多地去搜集有关她的一切信息，然后用你自己的方式讲出她的故事、特点，用你的方式去理解她。最后请你挑选出一个令你最倾心的地方，尝试着去模仿与复刻。不管那是一种品质，还是一种神态，抑或是渊博的学识，去成为你的榜样，直到你成为自己的榜样。

第 8 课

拥有大脑的平静力应对未知

所谓平静力,就是指在任何可能或者已经出现情绪波动的状况下,即刻平复身心的能力。

下面是平静力测试,有 10 道题。每一道题答是或者否。

1. 你常常莫名其妙地就不高兴了。是 / 否

2. 对生活中不悦或者侵犯了你权益的事,你会耿

耿于怀。是/否

3. 你脾气暴躁，点火就着。是/否

4. 你常有无法摆脱的担忧，对过去的事也时常感到懊悔。是/否

5. 常有一些固执的想法挥之不去。是/否

6. 遇到事情，你总会纠结几天甚至更久，很难快速地平静下来。是/否

7. 你不知道如何让自己平静下来。是/否

8. 你不容易觉察到自己被坏情绪牵着鼻子走。是/否

9. 你有某种强迫行为或者恐惧症，比如社交、幽闭空间，或者时常怀疑自己患了某种疾病。是/否

10. 你的情绪反应往往和发生的事件不成正比，也就是说，一件很小的事也容易惹恼你。是/否

每道题"是"得2分,"否"得0分。

如果你的得分是在0—6分,在情绪控制能力和自我认知方面,你已经有一定的心得和经验,最重要的是,你有良好的自我觉察能力。你要做的是,继续深化和训练你的平静力。

如果你的得分是在8—14分,人际关系有点紧张。你时常陷入坏情绪中无法自拔,有时很想摆脱,又不知道从何做起。你要做的是,开启自我觉察,开拓令你获得平静力的各种途径与方法。

如果你的得分是在14分以上,人际关系令你困扰,人们大都有点怕你。你要做的是,从身体到心理,让自己全方位地获得能够平静下来的方法,同时建议寻找专业人士的帮助。

大脑难以平静,其中一个重要原因是因为被某些思维模式和类型所限。

1. 命中注定型

这种思维常用语言是,这就是我的命了,一切就这样了,再也不会好起来了,我再也快乐不起来了。

改善命中注定型的方法是:改变"算法"。

心理学中有一个概念叫作自我实现预言。心理学家们访问了一所公立小学,告诉老师们他们将用一种名为"哈佛技能获得变化实验"的方法,来预测哪些学生将会成为天才。事实上,这个方法是杜撰的。而后他们随机地挑选出了"天才"小学生。结果,在学期末的一个智力测试中,被视为天才的孩子比他们的同学们表现出了更明显的智力增长。换句话说,积极的预测推动积极的现实。反之亦然。

如果想打破"命中注定型"思维模式,可以训练自己改变"算法",多做积极预测。

2. 自我谴责型

这种思维常用语言是:必须,应该,不得不。比如我必须照顾好每个人,我本应该做得更好,我不得不这样或那样做。

改善自我谴责型思维的方法是聚焦现实。

举一个常见的例子。当你认为你"必须"去帮助一个人的时候,聚焦你的内在现实和外在现实。

内在现实就是,你真的乐于这么做吗?这么做之后通常你的体验是什么?要知道很多时候所有事都揽下不知正确拒绝，其实感觉体验并不一定好。

外在现实就是，你有帮助他人的条件吗？比如经济上、时间上、能力上，还有是否和你自己的目标发生了冲突。如果你没有这些条件也要硬做，很可能是帮倒忙。最后，根据你的内在与外在现实，得出你的结论，并坦诚相告。这个方法将有助于你平息头脑中的风暴，从自我谴责的想法中解脱出来。

还记得我们讲过的"边界金三角"吗？也非常适合这种类型。

3. 读心术型

这种思维的常用语言是：我就知道你是这么想的，你就是那么认为的，你不说我也知道你在想什么。而当别人否认的时候,也还是会说:别不承认了,你就是那么想的。

改善读心术型的方法是:对有害的直觉说不。

我有个来访者总是揣测别人内心的想法,然后陷入想象的痛苦中无法自拔。我就用这个方法,我问她什么是有害的直觉,她想半天答不上来。简单地说,损耗你的能量、让你整个人都不好了、让你产生自我否定与怀疑,并拉开你与他人距离的那种直觉,是为有害直觉。你要做的,就是第一时间把它们揪出来,然后利落地甩掉它们。重新去建立和靠近对自己有利的直觉。而这么做的前提就是保持觉察。

也许你会说,说得容易,做起来可有多难!相信我,努力做起来,你会看到惊喜。关键是能够重复地去做,心理学上称作刻意练习。

4.以偏概全型

这种思维的常用语言是：总是、从不、永远、根本、每次、所有等——绝对化的表达。比如你总是这么不关心我，你从不考虑我的感受，你心里根本就没有这个家，你永远都是这样！怎么样，听着熟悉吗？

改善以偏概全型的方法是：替换法。

将"总是、从不、永远"，这样表示绝对而主观的词汇,替换成相对而客观的词汇——比如，"有时、偶尔、有几次"。当你想说你总是这么不关心我的时候，可以说，有这样的几次，我没有感受到你的关心。当你想说你心里根本没有这个家的时候，替换成相对而客观的表达：当你这样做的时候，我感受到你对这个家不够关心。

你会发现，语气程度降低了，你情绪的反应也会降低，随之而来的是沟通的风险也降低了。同时，别忘了肯定那些值得肯定的事，比如，当你这样做的时候，我感受到了爱与关怀。

5. 负性标签型

这种思维的常用词汇是所有的负性、否定型语言。比如我老了，我是个失败者。当然也习惯性给别人贴负性标签。

改善贴标签型的方法是：尝试着对自己说肯定句。

这其实是一个思维训练，思维和形体一样是可以通过反复训练来改善的。

我们每天至少对自己说一个肯定句，一天24小时，如果你对自己有诚意,总能找到那个肯定句,哪怕那只是一个瞬间。

我有个中度抑郁的来访者,当我和她讨论一天24小时之中那个肯定瞬间的时候,起初她很茫然,一再"发掘"后她终于能够确认那个肯定句,以及它发生的那个时刻了:"我今天有那么一段时间并没有感到抑郁,算吗?"我说:"这当然算,但是,你能够用真正的肯定句重新把这句话再表述一遍吗?"当我们说"我不老",这依然是否定句,只有说"我依然年轻",才是真正的肯定句。

"我今天有那么一段时间,感到了精神状态挺好的。"她说。

对一个给抑郁症患者做治疗的咨询师而言,这句话如同阿里巴巴的宝藏咒语,我们是可以以此作为一个契机点去开掘对方内心的资源宝库,比如我接下来问她:"怎样的一种好,你能具体说说吗?"

"为什么今天会有这么一段感觉不错的时间,发生了什么?"

"你是怎么做到在抑郁的精神状态下,忽然有了这样的一种体验?"等等。

也就是说,当我们尝试跟自己说肯定句,事实上是打开一个正向资源库,我们要做的,就是把总是无限放大负性资源的习惯,替换成对正向资源的关注。当然,这不是一朝一夕就可以做到的,它需要反复练习与强化。

6. 个人化型

这种思维的常用句式就是，都是我不好。女儿中考失利，都是我不好，本该花更多的时间陪她的。被别人莫名地看了一眼，想，是不是我做错了什么事，说错了什么话？持有个人化思维的人，常常认为一些无关痛痒的事情，也都是针对他们而具有特别的意义。而且他们存在过度反思和致歉的现象，总是揪着自己和别人问自己是不是说错什么话了，对不起啊，你别介意啊！大家累，自己更累。

改善个人化型的方法是："反向思维法"。

比如说当我们认为"孩子中考失利，都是我不好，本该花更多的时间陪她"的时候，我们可以提出一个反向问题："如果花了足够多的时间，会怎样？"这也是一个无限开放的问题，它会层层剥茧，将这种负性思维引向事实层面：考试失利这个结果，都有哪些方面的综合性因素导致的。一个凡事都认为是跟自己有关、是由自己造成的人，需要更多地聚焦事实，回归客观。

7. 抱怨型

持有抱怨型思维的人永远都在指责和批判他人，对他人的指责与批判往往反应较为激烈。持有抱怨型思维的人，通常自身有一些原始的创伤或者恼怒没有解决好，他们的情绪是因自己无力解决自己生活中的问题，而转移到他人的身上。

对于抱怨型怎么办呢？

假如你自己就是一个抱怨型，那么能够觉察到自己的思维类型就已经很不容易了。除了建议寻找专业人士的帮助，还有一个改善的方法，每天列出一个可以不抱怨，或者你没有抱怨的事。再坚持一段时间后，将清单再拉长一些。

上述的所有方法是要持续自我训练的。心理学家埃里克森说过一句话：决定伟大水平和一般水平的关键因素，既不是天分，也不是经验，而是刻意练习的程度。

加油站：

创建你的平静力清单——

请你写下至少五个让你获得平静的事物或者方法：比如听舒缓的音乐，正念冥想，到大自然之中去，或者和一个你信任的朋友或者长者相处，等等。你的清单越长，资源越多，你获得平静的时长、可能性越多。

第四板块

"女性大脑"帮你拥有审美原动力

第9课　如何用好大脑的审美天赋
第10课　大脑中的神秘审美力
第11课　以审美力带动你的情感、直觉、职场能力
第12课　让审美力全面提升你的幸福指数

第 9 课

如何用好大脑的审美天赋

广义上来讲,审美力指的是一个人从事物中获得美感的能力。具体到女性身上,可以变成是,一个女人从事物中获得美感的同时又提升自身美感的能力。审美力在女人身上的终极体现就是气质。

我们可能都有这样一种观察,到最后,我们非常信任气质。换句话说,不管一个人的样貌如何,气质都会超越样貌而成为最有说服力的因素，一个气质高贵的女性站在那里，什么都不必去证明了。气质的基础，就是审美力。女人抵抗岁月的唯一途径就是气质。

曾有一篇文章刷屏，文章说："审美力，才是一个人的核心竞争力。"

下面测测你的审美力水平。一共16道题，每道题答是/否。

1. 在穿衣打扮上，你非常清楚什么是适合你的，并已经形成了自己的风格。是/否

2. 你有自己喜欢的艺术家，他可能是音乐家、画家、作家或导演，你熟悉他的作品。是/否

3. 你热爱大自然，总是能够注意到自然界的状态与变化。是/否

4. 生活中，你常常能发现别人看不到的美。是/否

5. 与人交往中,你能很快发现一个人外在或者品格的闪光点。是 / 否

6. 你喜欢读各种各样的书,不排斥去认识各种各样的人。是 / 否

7. 你是一个有主见的人,很少人云亦云。是 / 否

8. 你对自我有比较清晰的认知,知道自己外在和品格上的独特之处。是 / 否

9. 你的生活并不奢侈。但你会买最好位置的音乐会的票。是 / 否

10. 你总是会不经意间就靠近美,不管是人是风景还是一种美德。是 / 否

11. 环顾你的身边,美好的人、事、物更多。是 / 否

12. 不管身处怎样的居住环境中,你都会努力把它收拾得舒适可爱。是 / 否

13. 遇到不开心的事，你总是会有办法让自己好起来。是 / 否

14. 你有一定的创造性和灵活性。是 / 否

15. 你是个在什么场合都能自得其乐、保持自在的人。是 / 否

16. 你认为审美和金钱没有正相关关系。是 / 否

每题答"是"或"否"，各得"2"分。

如果你的得分是 10 分以下，你的审美力可能有待提高。不过你不要着急，审美和自信一样，需要漫长的时间去建立，要给自己时间与耐性，一点一点构建自己的审美力。

得分 12—22 分之间，你的审美力中等水平。你需要继续开发和探索自己内在的品格与外在的品位，继续行进在自我认知之路。

得分在 24—28 分之间，你的审美力很优秀。人群中你很出众，你的内心也比较自在，人们喜欢和你相处。

得分在 28 分以上。你有超凡的审美力与脱俗的气质，你充满灵性，小动物喜欢和你亲近，你已经是个生活的艺术家了。你甚至拥有某种使命，可以创造更有价值的美与世人分享。

其实怎么提升审美力、如何改善气质等这方面的攻略、技巧也不少，共识度比较高的，包括多读书，走近艺术，对人与事保持善意，等等。这些的确都是培养审美力以及气质进阶的好办法，如果你能始终坚持实践，一定会有收获。不过这些方法比较广普，缺乏一定的针对性。

女性大脑的特征和审美力相关的部分是什么呢？

我们提到过"榜样复刻法",这个技巧就是利用女性的共情能力,为什么女性共情能力更好,因为女性大脑中的镜像神经元更发达,就是它使你看到悲伤的事情就会感到难过,看到一张笑脸也会情不自禁地微笑。当我们充分与美共情,会提升审美力;充分与美共情,你就能成为美本身。

怎么与美共情?

我以梵高的著名画作《星空》为例,第一步,请你找出这幅作品。第二步,闭上眼睛做个深呼吸,尽量清空大脑中的杂念,想象你的大脑就是个房间,你搬空了房间里所有的东西,现在,它已经空空如也。第三步,睁开眼睛,与《星空》相对,凝视它,尽可能长时间凝视它,想象它已无限放大到整个夜空,如同一个IMAX一般呈现于你的面前,而你正在抬头仰望……这个过程,时间越长越好,你越能置身于星空之中越好。在你这么做的时候,假如能够代入梵高的经历与体验,那就是一次完美的共情之旅。他眼中的星空绚烂至极,星与云的流动惊心动魄,仿佛有一种超现实的力量将人席卷,那就是他所有生命力的倾注。假如此刻你不仅读懂了这幅作品,还体验到了梵高画下这幅作品时内心的体验,那么可以说,你真的就掌握了与美共情的方法。

假如是一个人呢,一个美人?假设我们要与奥黛丽·赫本的美共情。请你找出一张你最喜欢的她的照片。用前面提到的步骤,进入她的眼神,3—5分钟。尽可能地去感受这眼神中传达出来的一切,关于一个女人的美,以及一个女人能够达到的美德。眼神里有一个人的一切。去感受她的眼神深度,所谓眼神深度,就是你能望进去的程度，有的人的眼神如大海，一望进去就出不来，有的人就浅浅的，一看就会被弹回来。

如果你能更多地了解她，你就能更容易与她的美共情。她后来走的道路，致力于为妇女和儿童争取权益，并受邀出任联合国儿童基金会慈善大使，她还有一个殊荣，那就是联合国在总部为她树立起一座塑像，并命名为"奥黛丽精神"。真正的美，是反映在外表上的内在品质，是内在之美与外在之美的彼此应和，这是有些女性令我们难忘的根本原因。而且，这种反映，越老越清晰。

我的手机里保存了大量的美景、美人，还有儿童和小动物的图片。儿童和小动物的美的属性是纯真欢乐，是灵性层面的。常常当我感到疲倦的时候，就会凝神进入这些不同的美。还有很多我去不了的地方，就用想象力到达。那些能给我的心灵带来触动的美人，我就尝试着进入她们的体验，理解她们的选择，共情她们的美。赫本的眼神里你能看到高贵，梅丽尔·斯特里普的眼神里你能读到从容，在进入老年的山口百惠那里，你看到生命深处的一种平和……这些其实都可以成为你的，当你充分与美共情，你就能成为它。

变美，变得有气质，说到底，是一种养生。分享六个字："松、静、慢、柔、喜。"这几个字源自道家养生，我结合了心灵的美学加以阐释。

松是指身体的状态。只要是在劳作中（有人睡觉的时候身体也是紧张的），我们的身体状态时时都处于紧张状态，随时觉察它当下呈现的状态，当它紧绷的时候，用深呼吸将它全然放松下来。柔软的身体状态可以释放出优雅气息。

静是思维、头脑的状态。反复去练习我们在"平静力"那一课中提到的方法，不仅是对大脑的保护与机能训练，也能使人在一种焦虑或狂躁的状态中暂时出离，静为优雅提供的是思维的能量氛围。

慢是行为的节奏。生命的运作是有其内在节律的，走路、说话、吃饭……要让它们保持在一种韵律中，那就是要适度地调慢你行为的节奏。唯有慢下来，才能对生活有所感受，比如，走路慢的人更善于发现路边风景，说话慢的人更易条理清晰且情绪平稳，吃饭慢的人更易享受食物带来的快乐。

柔是对待世界的方式与态度。对人对己，对强对弱，"以天下之柔驰骋于天下之坚"，温柔的人是有力量的。怎么柔下来？松静慢都是柔的前提，重要的是，说话的时候尽量使用美好的词语。语言对人的面容的塑造是较大的。讲到这儿想到了星云大师所说的，做好事，说好话，存好心。什么是柔？这就是。

喜是看世界的角度。我的另外一本书《欢喜无所不在》，记述的是慈善家赵翠慧的故事，她一生经历了无数坎坷，被婆婆虐待、被先生背叛，患了癌症，有过两次濒死体验，但是她始终在惨淡艰难的人生里保持无所不在的欢喜与善意，那是一个人终极的优雅。一个在生命尽头还能保持优雅的女人，更震撼人心。所以，不要小看你身边任何一个到一定年纪后身心仍优雅之人，她们大概是真正的悟道者与修行人。

这就是"优雅五字诀"。说起来简单，做起来挺难，时刻对自己保持觉察，则是这一切的入口。其实，这就是一个女人在保持充分自信时的最佳状态，当一个人情绪是愉悦的，自我评价是自信的，她所呈现出的样子一定是最好看的。

这就是今天的内容,我从审美力谈起,将审美力的提升落实到女性气质的的提升。最后,将女性气质的改善等同于心灵之美,而后又回归于我们日常的自信。还是那句话,真正的美,是反映在外表上的内在品质,这是有的女性令我们难忘的根本原因。那种美越老越清晰,所以还好,我们都还有时间。

加油站:

教给大家一个我的秘方,我称它为脑能训练,这个方法能帮你恢复平静、有助安眠,同时增强大脑能量。请你闭上眼睛,想象你看得到你的大脑的样子,想象它的表面瓷白、光滑,闪着珍珠一般的光芒,什么都不用多想,就这样用你心灵的目光看着它,当你累了困了,或者焦躁不安,就这样冥想你的大脑吧!

第10课

大脑中的神秘审美力

在女性大脑之中,有一片待开发的神秘园地,在那里,藏着女人的审美秘密。

如果我问你,审美到底是什么?你会怎么回答呢?

上一课中有句话:审美力就是一个人从事物中获得美感的能力。这句话里有个问题是,那么什么又是美感呢？到底又是什么样的事物能让我们获得美感呢？

审美，本质上就是人从事物身上获得生命的满足。只要一个人还能进行审美活动，他就是一个对生命充满渴望的人，就是一个有生命力的人，我们也可以说他是热爱生命的人。

我曾经陪伴过一个抑郁症患者，抑郁症患者普遍有个共性，就是对任何事情的兴趣都下降了，对什么都感到索然无味。在我的咨询中，对所有抑郁症患者，我会特别加入感受自然的方法，自然就是个大处方！我曾请她在初秋的上午，去公园的草坪上晒太阳，尤其是让她体会太阳照在手心里的那种微妙的感觉，然后我引导她详细描述那种感受，她说好像有一柱热源专门集中在手心上方，能够感受到以手心为圆心，太阳特有的温热暖流顺着血管被传送到身体的角角落落。她所描述的这种感受，是生命力复苏的一种状态，同时，这种复苏又给了她一种满足，这种满足感，就是一种美感，是身体直接经验到的美感。

我们可以这样理解：审美有三个层面。

第一个层面来自于生物愿望的实现，比较好理解，就是我们作为一个生物体，通过生理刺激的方式获得的满足。比如，我们闻到花香，喝到一口甘泉，触摸到一个小婴儿的肌肤，都会触发审美体验。前面提到的那位晒太阳的来访者就属于这个范畴。

第二个层面来自于精神愿望的实现。比如，人们对自由的向往，哲学家们对真理的求索，艺术家对艺术的探寻，都是来自于要去满足精神愿望。相比于生物层面上的审美，这第二种较难以实现。

第三个层面来自于社会愿望的实现。比如，我们曾提到赫本老年投身于慈善事业，得到了世人的称颂，这就是一种社会愿望的实现。再比如，像爱因斯坦这样的科学家，为了某个研究贡献了毕生精力，他们必然会得到一枚人类奖章。凡此种种，当他们成为人们的审美对象时，都能引起人们的共鸣，也会唤起美感。

所谓审美，是一个系统值。是上述这三个愿望的实现带来的一个系统化的相互协调。就一个对象而言，它越能在这三个层面上让我们获得满足，审美价值就越高，美的浓度也越高，这个对象也就越美。

好了，现在我们要来进行一个思考题，刚刚我们讲的是一个审美对象，那么假如这个审美对象就是我们自己呢？就是说，怎样能够让我们这些普通人能更接近且锻造一种三合一的审美？这是一个非常大的话题，也非常有意义。我们先来看第一个层面，如何在生物愿望这个角度，最大化地获得美感，同时，也能让自己具有这个层面上的美感。

我提供一个方法：通感法。通感是一种修辞手法。比如，我们说，你说的话像蜜一样甜，你眼睛里有星星啊，这些都是通感修辞，我这里要说的是打通五感，简称通感。就是借助刺激单一感官的感觉，通过联想、想象等活动，去调动起其他感官的兴奋。这就叫通感。

对审美影响最大的是视觉和听觉。人类大脑的50%的信息都是通过视觉来处理，可以说人类非常依赖视觉。视觉与想象的关系最紧密，在做审美训练的时候，将你的视觉联通想象去做练习，是第一个重要方法。上一节中我们用梵高的《星空》做过一次练习，还记得吗？如果这个时候你再加上一段音乐，在视觉、想象、听觉的合力下，去完成这次练习，这就是你的大脑为你单独播放的大片。在这一次播放中，大脑达到了一次视听能力与想象力彼此之间的串联，这其实是一次审美的扩张运动。

嗅觉

平时工作非常疲惫的时候，我经常会全然地使用嗅觉来让自己放松和提神。我有一款复合型精油，里面有迷迭香、薄荷、罗勒、柚子等几种成分，而我的方法就是把全部注意力都放在嗅觉上，深深吸嗅，你真的能感受到全部气味都被吸进了身体的每一个细胞。嗅觉资格最老，是五感中深藏功与名的"老大"，因为人类最原始的感受力就是嗅觉，进化的过程中它就像猴子的尾巴一样退化了。我们今天的嗅觉对于危险性的辨别已经非常微弱了，除非是特别刺激的味道比如煤气。然而即使如此，嗅觉的某种能力还在。比如和其他感官相比，嗅觉带来的情绪改善几乎是迅速的：你在沮丧中突然闻到沁人心脾的花香，会使你瞬时出离烦乱。嗅觉的体验同样也很深刻，比如孩子对妈妈的味道的敏感，恋人之间对彼此体味的记取。去捕捉带来愉悦体验的味道，更多地使用嗅觉，充分地调动嗅觉体验会使你的审美体验更加地敏感丰富。

触觉

触觉最能表达我们作为生命体的延伸。当我们还是婴儿的时候，我们是通过触觉去感知世界的。我们触觉的疆域从妈妈的乳房和我们自己一点一点扩张到我们的床、玩具、一只小饭勺以及外在的一切。当我们忽然有一天触摸到和妈妈的乳房完全不一样质地、不一样温度的东西时，我们会暗自惊讶一下，然后记取了这种触感，也感知了一个新鲜事物。这样，我们触觉的帝国一再扩大，直到有一天，我们必须开始了自己的社会化生涯，不得不收敛了自己的触觉（比如，长大就意味着不能再随意去触摸一个我们喜欢的人了）。

逐渐地，我们的触觉也就不再像我们婴幼儿时代那么敏锐了，这是另外一层意义上的退化。

人体最大的器官是皮肤，去锻炼你的触感，实际上就是在提升你的皮肤的敏感度，这是让一个人变得细致细腻的过程，对冷热、细嫩还是粗糙的辨识更加准确。举个最简单的例子,皮肤敏感度高的人,更喜欢亲肤度高的衣服。

说了这么多,可能你会发现,审美力的提升,直接等同于感受力的大小。一个感受力越强、越丰富的人,就越有可能接近美,成为美。

对感受力的正向强调能够带来享受,享受是如此主动而又乐意,它自然而然地促成了我们的和缓与美。最后,"经由享受,你会与宇宙的创造力量本身接轨"。

到此,我们将创造力、审美力及感受力的内在联系清晰地呈现出来。最后要点个题,在开头,我们说,女性大脑里有一篇待开发的神秘园地,那里藏着我们的审美秘密。现在你知道答案了吗?女性大脑本就是联系功能更好的,如果我们有意识地将五感全部打通,让它们在大脑中建立起更大的互通网络,你对美的吸收力就会迅速增强。

这个时候,你将成为美的磁石,慢慢地,你也会变美。

加油站:

当你品尝你最喜欢的一种美食的时候,试着从味觉、嗅觉、视觉三个角度去感受它。如果将这道美食比作一种乐器,你认为它是什么声音?比如,你最喜欢重庆火锅,那么你认为它是什么乐器、什么样的声音?如果把你自己比作一种声音呢,你又希望那是怎样的一种声音?

第 11 课

以审美力带动你的情感、直觉、职场能力

我工作的一部分内容是给企业做 EAP 服务,这个名称翻译过来是员工帮助计划,简单地讲,是企业通过购买心理专业人士的服务,来给员工提升幸福感和工作效率,让他们的生活和工作达成一种平衡。

每当我进入到一家企业,都会先有一系列的观察。通过这些观察,通常可以看到一个企业的整体风格、

未来的发展前景到底怎样,以及我提供的服务能够在多大程度上帮助到他们。

有一种企业会给我留下很好的印象。前台的服务人员衣着得体,整体的气息很宜人,未闻其语,先见其笑。她们非常热情,看到你走进来,会马上起立迎接,然后主动开口打招呼,询问有什么可以帮助。如果把我们去到访一个企业的过程比作写一篇散文,那么显然,这个开头已经很抓人了。

然后进入办公区,我会留意每个人的表情、姿态、神情、衣着打扮,一个企业中,员工是每个人都各安其位专注于自己的工作,还是整体上比较涣散,你一进去就能感受得到的。另外我会观察他们的办公环境,办公区是不是点缀着一些绿植、装饰品,员工的工位上有没有一些小摆件,或是家人的照片啊,自己喜欢的周边啊，甚至是一些养生的小设备。透过这些信息可以评估出员工热爱生活的程度，而一个热爱生活的人，往往更能投入到自己的工作中。

我们从中感受到一种幽默智慧的企业文化，一下子就会增添好感。我也见过另外一种企业，从前台开始就没精打采的，明明是年轻人居多的公司，但是却暮气沉沉，每个人的表情都挺郁闷，这样的企业我做培训的时候，投入倾听和能热情鼓掌的人都非常少。说到这，想到了有一次给一家互联网企业做培训，当天培训是在他们下班后，主办方准备了一些茶点，时间到了，呼呼啦啦走进来一批青壮汉子，然后所有茶点几乎瞬间被消灭，馋得我直咽口水，但是一块都没有了。当时体验到一种很狼性又进取的那种感觉，其实这个企业这几年的更强发展也能印证这一点。

我说了这么多，到底要讲什么？这些和审美力有什么关系？我接下来要提到一个概念，审美场。我对企业的观察，主要在于对其审美场的观察，什么是审美场？

审美活动都是在一个特定的场内进行的，我们不会抽象地、孤立地去进行审美。每个人的审美取向、审美追求，与所处的社会文化时空中的生活氛围息息相关，在这种社会文化时空中，制约审美变化的氛围叫作审美场。比方说我们提到前台，这个工作人员本身不是审美场，但是当我们在企业中第一眼看到她，带来的那种愉悦舒适感的氛围就是审美场。比如公司开了个表彰大会，会议本身不是审美场，由会议激发起的昂扬、振奋和期待才是审美场。审美场也是能够互相交互的，比如我有一次在现场观看舞蹈家跳芭蕾，那种人的美和艺术的美之间交互产生的美,所形成的观感与心灵上的满足感,是更为巨大的审美场。

怎样利用审美力,来提升我们的职场能力?那就是,让自己成为一个职场中的"审美场"。

什么样的人能够成为职场中的审美场?在职场环境中,我们怎样做,才能够通过一种审美的角度,来提高自己的职场竞争力?

一个职场中的审美场,就是一个人所营造的职场氛围,是有助于效率提升、有助于人际关系的凝聚,有助于目标完成的。我们来看看职场审美场的这三个指标:有助于效率提升,意味着你散发的审美场是积极的,这是态度的维度;有助于人际关系的凝聚,意味着你散发的审美场是和谐的,这是人际行为的维度;有助于目标的完成,意味着你散发的审美场是建设性的,这是策略的维度。

当这三条和在一起,态度上的积极+行为上的和谐+策略上的建设性,成就一个在职场中充满竞争力的、受欢迎的人。

怎么才能达成这三条合一?

女性对情感氛围更敏感,女性以人为中心,女性更容易凝聚情感且协同性更好,女性更具感染力。这些由我们的大脑带来的天生的特质与优势,都有利于女性在职场中的发展,并成为优秀的领导者。

在我们所说的三合一的审美场,也就是积极+和谐+建设性上,女性是具备部分先天优势的,我们要做的是,强化这些优势。

1.多做积极的、有感染力的事。人和人之间互相影响的方式有很多,比如行为的、思想的、评价的、权力的，有一个更为重要的也更适合女性的，那就是情绪影响。你看优秀的艺术家其实就是情绪放大机，就是通过他的艺术不断地强化、不断地释放、不断地让人们去接受他们的审美场的情感信息，他们也是这样形成了风格。比如喜剧表演艺术家憨豆，当我感到能量低的时候时常看他的作品。比如，画家齐白石，想到他的画，你会体验到的就是一种生动的意趣。

一个身处职场中的女性，可以多做有情感感染力的事，比如创建户外运动群，组织读书俱乐部、亲子团体、各种学习小组，或者电影观赏沙龙等。我认识一个女孩，她喜欢并擅长做饭，每个月，她都会组织大家来一次美食聚会，每个人要带一个自己做的菜，然后当天评选出最佳，还给发小奖品。这些事情都带着很强烈的情感联结与联动性。如果你不是一个社交能力很强的人，也不具备感染力和影响力，你可以多去参与类似的活动。若感染不了别人，那就被他人感染。

2. 关注细节，再关注细节。在他人习以为常的事情中发现改善的机会。我的一位年轻来访者提到过她刚刚参加工作时的一段经历。她所在的公司不小，每周都会有例会，5个部门的人都到齐的话有一百多人，一直以来，大家签到都是在一个普通的签到簿上，谁来了签上去就好了，结果就很混乱，给统计部门人数的工作带来不便。她注意到这个细节后，做了一个非常小的改善，就是把每个部门人员的名字都打印在A4纸上，折叠成卡，分别放在签到簿上。只是这一个小改动，效率提高了，部门的人数统计工作一下子变得非常简单。这件事之后，她发现大家对她的态度似乎更加友善了。其实这并不难，她就是在人们习以为常的事情中发现了机会。

3. 做任何事，都尽量养成有条不紊、井然有序的习惯。一个人如果不管做什么都是井然有序、有条不紊的，这个人本身就是一个充满静气与秩序的审美场。

4. 要是真的不知道该做什么，也不想费劲去做什么，那么就尽可能地保持微笑。曾有一位心理医生，在超市发现一位售货员虽然长得很漂亮，但是对顾客总是一副冷若冰霜的面孔。然后他决定做个改变她的游戏。他按照这个售货员胸卡上的名字，写了一封热情洋溢的信给她，说："我是一个退休的老人，我身患疾病，每次来到超市，看到你的笑容，我就觉得自己的病减轻了不少。希望你微笑长存，为每一位顾客带来快乐。"结果你猜猜发生了什么？这个售货员从此后态度大变，见人不笑不开口。年底的时候，心理医生发现这个售货员的照片贴在超市的光荣榜上。其实这是暗示的作用，但同时，我们也看到了微笑的价值。当我们微笑的时候，大脑传递出的信息是：我很好，我很不错。我受人欢迎。我心情愉悦。而且微笑是最容易感染他人的行为，一个善意的微笑传达出的和谐氛围是最容易被他人捕捉到的。

5.说准确的话，做准确的事。想清楚后再把它尽可能地表达准确，表达准确后再把它做到准确。准确地说与行，就是头脑清晰、行为果断的表现。

以上五条，就是我给大家提供的，怎样通过审美力去提高你的职场能力的方法。其实就是以精神氛围去影响他人和改变自己，如果始终坚持这样做，整个人的精神氛围与气质，将指向积极、沉稳、和谐以及智慧。

加油站：

现在，请你放下手中的一切，去回忆一次令你感到最愉悦的旅行之中的一个片段。回忆的要领是，用你记忆的镜头，精细地扫描每一帧画面，精确到每一个最微小的细节，当然，别忘了再复制一下你当时的感受。回忆结束后，留意一下你当下的感受。

第 12 课

让审美力全面提升你的幸福指数

这是审美力的最后一课。所谓审美力,说到底,既是一个人在精神上获得满足感的一种能力,也是一个人为自己、他人或者社会,创造精神上的满足感的一种能力。上一课,我们谈到怎样通过审美力的这个路径,增强你的职场竞争力。这一课,我们聚焦生活与情感,主题就是:成为生活与爱的艺术家。

我们终于可以来回答一个终极的问题了，到底，什么是美？美，就是人的生命追求的精神实现。美就是人的生命追求通过精神的方式，或在精神的时空中得以实现。

一个人，他只要能在任何事物上获得精神上的满足，他就是在审美。任何一样事物，只要它能令我们获得某种精神上的满足，它就是美的。这样说来，令你感到美的东西越多，获得的美感就越多，获得的美感越多，就越能够被美滋养。也就能成为美。这就是我们与美的关系、美和审美的关系。

先讲一个人：林徽因，之前的内容中曾经一笔带过。讲一段她在20世纪40年代以后，因当时内战，举家南下逃到昆明的一段经历。一家四口当时到了离昆明市区十五六里地的龙头村，她和梁思成在村子里建了自己的第一个房子，门口开辟了一块菜地。

林徽因和梁思成都是大户人家的孩子，从小锦衣玉食，那是他们过的最困难的一段时光，几乎陷入绝境，所有值钱的东西都被当掉了，而且南方潮湿，林徽因肺病复发。为了补充营养，梁思成把钢笔、手表全都拿出来变卖了，他们穷得连信纸都买不起了，跑到市场里去捡那种包袱纸，也就是牛皮纸，用来写字。

就是在这样困窘的生活里，林徽因依然尽最大的努力保持着审美生活，她竟然铺了木地板，还做了书架，也不知道从哪里搞到一块边角料，铺在木凳上，跑到附近村子里的陶器作坊捡回来陶罐子，里面永远插着野花，女儿梁再冰后来回忆说："我妈真是神，怎么一下子就把这么个破房子搞得这么舒服，这么可爱。"

她常常带孩子们去陶器作坊，兴致是比孩子们都高的,经常朝着正在转动转盘的师傅喊快停快停,也没人理她,最后做出来不过是个痰盂也是乐此不疲。虽然肺病缠身,战事纷纷,但是在情感沟通上,她也依然保持着一种审美上的情趣。比如,又得去当东西给她补营养了,她就指着某件大衣对梁思成说:这个能清炖吗?那个手表可以红烧吧?

这是她在最艰苦的日子里的精神状态。后来回到北平,肺病复发又感染了肾脏,必须得动手术,就在上手术台前,她让几个小青年陪着,居然去游了趟颐和园。在给好朋友的信里她写道:"我从深渊里爬出来,干这些被视为'不必要的活动',没有这些我也许早已不在了。"

为什么要讲这一段?是想你去感受一个人在生存最为困顿的时候,所能达到的那种审美态度。

在情感之中,如何保持一种审美的角度与态度?审美地看待情感、处理情感,其结果会有怎样的不同?

怎样通过一种审美的方式,让你的情感生活更为融洽和谐,怎样以审美的角度去当一个爱的艺术家?

那就是:去了解以及满足对方的精神需求。当一对伴侣,既彼此知道对方的精神需求,又愿意去帮助对方实现、协助对方获得满足,这就是审美意义上的爱。

下面是个测试题:你和伴侣的"爱的审美契合度",你们是那种能够懂得并满足彼此精神需求的伴侣吗?

下面共 15 道题,答"是"或者"否","是"得 2 分,"否"得 0 分。

1. 你们基本了解彼此的原生家庭,当各自呈现出一些弱点,你们会知道对方为什么会如此。

2. 发生矛盾的时候,总会有一个人先冷静下来。

3. 你们当中有一个人能主动去化解问题。

4. 你或者他知道什么样的话最伤对方,话到嘴边会咽下去。

5. 你们在一起的根本原因是感情。

6. 对金钱,你们算得不是很清楚,彼此的付出相互认可并可以平衡。

7. 你们知道对方的梦想是什么。

8. 当面对一个比较重大的选择,你们通常会猜到对方的选项。

9. 不管是大是小,你们都有为了满足对方的愿望而放弃自己的需求的时候。

10. 你们知道对彼此来说最重要的东西是什么。

11. 你们知道,即使对方犯了错,也有被原谅的可能。

12. 你们对人性本身，有一定程度的了解。

13. 你们知道对方最珍贵的品质是什么。

14. 你们经过了一些波折与考验，依然没有分开。

15. 不管那是什么，你们的身上好像总是有些和其他伴侣不太一样的地方，通常别人也是这样认为的。

0—10分，你们的关系缺乏审美上的成分，你们对彼此缺乏深刻的了解，也没有去了解的意愿。

12—18分，你们的关系有一定基础，但是需要进一步加深，你们需要更深入地了解彼此的精神需求，也需要为对方去多做些什么。

20—24分，你们的关系有较高的审美气息，相对稳定，也都感到满意。但你们需要时不常地给彼此来点儿惊喜。

26—30分，你们彼此深爱，是灵魂非常契合的精神伴侣，你们在一起的时候带给他人的审美感受也很强烈，人们很羡慕你们。

加油站：

　　成为一个好的伴侣的前提，是了解伴侣的思维倾向与大脑特质。如果你的伴侣是焦虑型，那么多做令他放松并感到轻松下来的事。如果对方有抑郁倾向，那么多让他感受到被肯定以及关系上的安全。如果对方思绪总是比较混乱，那么清晰与理性就是你爱他的方式。

第五板块

"新女性大脑"让你越活越健康

第13课 传统思维模式给女性身心健康造成的问题
第14课 新女性大脑的健康优势
第15课 巧用女性大脑解决健康难题

第13课

传统思维模式给女性身心健康造成的问题

如何让身体觉醒,让它提升或者说恢复如同婴儿般敏锐的觉察力?其实这是一个既大又小的话题,大到宇宙那么大,小到如同呼与吸之间的停顿那么小。

在所有的方法中,有一个最简单易行的技巧,可以说是万千法门的唯一入口,那就是:腹式呼吸法。时刻觉察你的呼吸,调慢它的节奏,绵长地呼,深入地吸。当你这么做的时候,你会即刻与你的身体连接上,当你这么做的时候,你会发现,你回到了你的身体里。

另外,请信任你的身体。要相信,它有着惊人的自愈力。科学界已经证实,人体能够自我疗愈60%~70%的疾病。大体上讲,身体自愈力的提升来自以下四个通道:规律作息,运动,营养,最后一个就是心态。

我最后分享一个提高身体自愈能力的方法:

不管你是否意识到,我们都会有这样的体验,当我们感到愉悦时,身体会像章鱼一样有种想扩张蔓延的感觉,那就像是一种对世界的邀请;当我们感到恐惧,就想收缩,那意味着隔离。那么你试试这样来做,选择一株植物,安静地与它对坐,提醒自己,你所吸入的空气就是它所呼出的,你所呼出的空气正是它所吸入的。假想一下，你和它就像武侠小说里"相互发功的盖世高手"，对，就要那种感觉。可以的话，一天重复五次。每次五分钟。当你坚持一段时间以后，这样积极地心理暗示下，你不仅与自己的身体，也与你生存的环境、环绕你周围的事物，都会有不一样的连接。从一株植物，可以到其他事物或者人，本质上来说，这是一种生命与生命的互相穿越。

有一年搬家，在很多植物里，我只留下一株不知名的小树，留下它，是因为它快死掉了，其他枝繁叶茂的都送给了邻居。我用这个方法，当然还有对它的及时浇灌与照看，然后它在两个月的时间内重新郁郁葱葱，我自己好像和所有的植物都有了一种亲密感，身体变得更加轻盈和柔软。

加油站：

不管是家里还是户外，去选一株与你相看两不厌的植物吧！试着按照上面的方法和它同呼吸，然后观察你的变化。

第 14 课

新女性大脑的健康优势

这一课有一个核心内容就是,什么样的心理因素会影响大脑健康,以及哪些心理学上的方法可以帮我们训练大脑。

讲一位来访者的故事。

这位来访者不到 40 岁,她的求助原因是时常觉得哪里都不舒服,总怀疑自己有病,去医院看又各项指标都正常。医生建议她寻求心理咨询师的帮助。她的基本情况是离异两年，孩子由男方抚养。她有一个弟弟，她与自己的父母及弟弟分别生活在两个城市，与他们的关系很一般，就是说遇到困难的时候，也不愿意找自己的至亲。在她的描述中她的先生很自私，婚姻存续期间两个人一直是 AA 制。她在工作中人际关系也很一般，时常认为同事说什么话都是针对自己。另外，她工作能力很强，学历也很高，而且是名校。不知道为什么她这两年一切都变得很糟糕：婚姻解体，职位无法晋升，和父母亲人的关系日渐疏远，孩子也不在自己身边……说到最后她崩溃大哭，令人揪心。

给这位来访者咨询的过程中，我发现了几个影响到她健康的重要心理因素，也可以说这些是她的一种思维方式。

1. 消极思维。我的这位来访者看问题易从消极的角度。比如,和父母的关系,她一直认为父母偏心弟弟,对她毫不关心,但是了解实际情况后,其实她整个的求学过程,父母始终在尽最大努力帮她。消极思维会抑制多巴胺的分泌,长期的消极思维会导致大脑运转速度变慢,信息加工的功能减弱。

2. 缺乏关系上的支持。她是一种自我孤立的状态。与父母亲人保持距离,也不愿意去改进。她无法向人展示内心脆弱,认为那是一种耻辱,是自证失败。离婚两年,除了至亲,没有人知道她的真实状态。

3. 情绪化的高峰做出糟糕决定。糟糕的决定意味着一连串的连锁反应。有的时候做一个决定只需要一秒钟,但是可能要用很长时间去补救。

正是这样的一些心理因素导致了她的健康问题。

那么，影响大脑健康的心理因素很多，对女性来说，除了上文提到的消极思维、缺乏关系支持、不明智的决定这三条，还有一点补充：

极度完美主义。极度完美主义带来的焦虑较为广泛，无法认同自己的优点，无限放大自己的缺点，价值感低，除非超过所有人否则无法快乐。小到工作中一句不太恰当的话，大到一次不成功的当众发言或者失误，都无法释怀。它对女性能量的消耗程度，是女性自身还没有意识到的。

那么做哪些事是有益于大脑健康的？

有一些是具有通识性的方法，比如运动、冥想、充足而高质量的睡眠、保持健康的体重等。还有几项可以推导出来：比如健康的同辈群体，支持性的关系，积极乐观的思维。

我们常听到这样的自我抱怨："哎呀我总是坚持不了锻炼，我就是管不住嘴，我无法坚持做任何一件事。"坚信自己不自律的人，并不一定真的是不自律，而是，多数情况下会有两个原因：第一，目标设定过大、期待过高。比如，有人一立 flag 就是志当存高远："我要学习羽毛球，然后成为高手，我要健身，有八块腹肌那种。"难度大与期待高都不利于自律的建立。

第二，没有给大脑及时反馈与奖赏。在自律上我们最容易做的事情是自我批判，比如说：某件事坚持7天了，然后放弃了，我们最容易对自己说的是：你看你就是这么不自律。而不是说，你这次坚持了7天，还不错，下次就是8天吧。

自律这件事，对大脑的意义来说，不在于你自律的目标是什么，而是大脑的自我认定。也就是说，你是不是自律不重要，重要的是让大脑认定你是自律的。

不管是吃饭，还是运动，或者是读书，哪怕就是坚持每天11点前睡觉，或者坚持每天按摩头皮五分钟这种事，它给大脑带来的自我肯定就是可控的、有规律的、有秩序的。这是女性大脑的支柱型思维，一旦大脑接受并建立这样的认知，它就会对事物产生掌控感。相当于建立了一条健康之路。

这个方法是这样的：

不管你要坚持的是什么，起码让自己在一件事上保持自律。而且，这件事越小越好。先从你认为最简单的一件事开始，然后，循序渐进增加难度。同时，对大脑及时反馈与奖赏，做法就是每执行一次，就对自己说肯定句：到目前为止，你始终是自律的。一旦放弃，也不必给自己贴上"你怎么这么不自律"的标签，你完全可以自定义一种自律的程度，比如，我们对每天、每周、每个月的时长认知是不同的。我们倾向于认为"每天都做"的自律程度远远高于每周，这其实是一种自我设限，虽然有些事情的确是每天都坚持做效果更好，但是就自律而言，大脑的自我认定比自律带来的结果更重要。换句话说，你认为自己是个自律的人，比你因自律而达到了某个目标更为重要。

加油站：

在一张纸上，按照难度由低到高的程度，写下五件你希望养成的自律习惯，从难度最低、兴趣最高的那件事开始你的自律之旅，请注意你自己是如何进行自我认定的。

第15课

巧用女性大脑解决健康难题

为什么我们那么容易被"垃圾食品"诱惑?

好了,现在我们要来说说如何利用心理机制抵御垃圾食品。心理学上有个概念叫作延迟满足,延迟满足是指一种甘愿为了更有价值的长远结果,去放弃眼前的即时满足的抉择取向,它呈现了一个人的自我控制能力。它也是我们完成各种任务目标的一个必要条件。比如说你现在就想吃一样食物，但是如果不吃它能给你带来更大的好处，你可能就会选择不吃。然而总有人会放弃那个更大的好处而选择马上满足。一个人延迟满足的能力越强，达到目标的可能性相应越高。那些意志力很强的人，是有一个延迟满足开关的。他们的脑区中，关注更大利益的部分能够时刻开启，以应对眼前的诱惑。

而把延迟满足加上未来场景想象，把这两种能力加在一起，就是对付垃圾食品、智慧减肥的心理机制。

什么叫作未来场景想象。其实就是把那个暂时被关掉的关注长远利益更大好处的脑区给打开。然后关注未来价值。你要做的，是尽可能地去想象那个好处的细节、氛围，越具体越好，越生动越好，比方说，想象你成功戒断垃圾食品之后的样子，当你成功戒断垃圾食品后，你去做体检，你将看到自己的各项指标处在健康线的位置。当你成功戒断垃圾食品后，你对自己的自控能力有了新的认识，你恢复了自律的信心，你相信自己连最爱吃的东西都能戒掉，没有什么是完成不了的。总归，把未来场景的想象想得对自己越有好处越好，未来价值的权重就越高，垃圾食品的吸引力就越会降低。

重申一下具体步骤如下：

第一步：当你面对垃圾食品的诱惑，请即刻按下延迟满足开关，暂停一下你对它的渴望、它对你的诱惑。

第二步，开启未来场景想象，将关注未来价值的脑区充分打开。

那如果我们对未来场景的想象是另外一个样子，即未来价值的"毁灭"，效果可能更好。其实就是把刚才的美好想象反转过来,比如你想象的就是如果始终都对垃圾食品上瘾,那么你体检时身体各项指标值都是红线,你恐怕会患上肥胖症,你的自我认知会受到冲击,你越来越不喜欢自己……

第三步就是:场景对比。将未来场景想象的两种状态在大脑中进行对比。如果你能走到这一部,训练自己的大脑形成对垃圾食品的三步走反射,可能你连看都不想看它们一眼了。

这个场景对比不仅可以在大脑中进行,也可以直接把它搬到现实中。比如,在手机屏幕上放两张对比图,就类似我们经常在健身房的广告上看到的那种。那是对大脑最直接的刺激。你也可以在镜子旁边,分别挂一套衣服,一套尺寸 XS,一套尺寸 XXXL。时刻提醒自己,只要一想吃垃圾食品,就去看看这些场景对比。

通过对大脑的震慑作用达到戒断的目的。

其实这个方法适用于很多需要自律的场景。我也曾用它去解决过一些年轻人消极怠惰的问题。比如有个来访者整天懒懒散散就是没有动力去为未来做点什么，他为此也深感苦恼。我对他说，你来想象自己就像现在这样颓废，然后30年以后你的样子，你过着怎样的生活。第二步，又让他想象积极的自己未来的样子。其实懒惰和垃圾食品一样，都是一种恶性诱惑。

再来了解另外一种方法：

这个方法就是：清除一切线索。

一旦失去了触发的契机，引爆垃圾食品的欲望就会大大降低。这个方法的第一步其实就是断舍离：将你房间里、冰箱里、肉眼可见范围内的一切垃圾食品都统统清除。

第二步，替代。人想吃垃圾食品的时间点是有规律可循的。比如有的人是情绪不佳时，有人是刷剧的时候，至于我本人，是写东西的时候，总想吃点儿东西。让更为健康的食物替代垃圾食品，出现在你的周围，出现在你想吃垃圾食品的那些时间点。比如我的替代食物是坚果和干果，它不仅提供了更充分的营养，也能满足我对糖分的需求。

当你的消化系统对更为健康的替代物适应了一段时间后，它会自动调整出新的感觉机制，你会逐渐对健康食物形成依赖并得到满足。让肠胃自己去适应和接受健康饮食。让它自己做出明智的选择。

这个方法对培养一些有利健康的好习惯都是有一定效果的。比如坚持健身的人是因为肌肉与身体本身习惯了健身后的反应，始终早睡早起的人是因为人体习惯了这种作息,自律的人是因为习惯了自我约束后的那种愉悦。对身体来说,其实都是一种习惯成自然,一旦你的身体体验到健康带来的好处,想让它学坏都难啦!

加油站：

如果你能够坚持两周，每天都记录以下六项的动态变化，你将能够发现自己大脑的健康规律，同时提升大脑的健康水平，当然，最好是每天都坚持这么做。用1—10分评价这六项：

1. 情绪

2. 活力

3. 专注力

4. 记忆力

5. 决策力

6. 健康食物